国内最大級ハンドメイドマーケット

minneの売り方講座

はじめに

ハンドメイドマーケットは、日本では2010年ごろからはじまったサービスです。誰でも手軽に作品を購入、展示、販売できるオンラインマーケットとして急成長を遂げています。中でも「minne」は、現在約30万人の作家によって440万点以上の作品が販売、展示されている、取り扱い規模国内第1位（2016年11月時点）のハンドメイドマーケットです。これは、出品者にとって購入意欲のあるお客さんがたくさん集まる魅力的なマーケットであると同時に、自分の作品が他の作品にたやすく埋もれてしまうことも意味します。

本書では、ひとりでも多くの作家が活躍できるように、販売につながるさまざまなテクニックをご紹介します。効率よく集客できるトップページの「Pickup」への掲載ポイントから、販売に結びつく価格設定の考え方、情報をわかりやすく伝えるための文章の考え方や写真の撮り方など、「売り上げを増やす」ため、ひいては「長く作家活動を続ける」ために必要なことが満載です。minneで作家活動をはじめようと思っている人、minneに出品したけれどなかなか売れずに悩んでいる人、人気作家になりたい人にぜひ参考にしていただければと思います。

minneの特徴

minneは、2012年1月からサービスの提供をスタートし、国内最大規模と言われるまでに成長しました。minneの一番の特徴は、運営スタッフがユーザーと直接コミュニケーションする場を大切にしていることです。全国の百貨店などでのイベント開催はもちろん、「minneのアトリエ」というコミュニティースペースを活用し、ワークショップを定期的に行っています。たとえば「作家さま向け勉強会」では、作家活動に興味のある方や作家活動をはじめたばかりの方の疑問に答える場を提供するとともにご意見をお聞きしたり、「購入者向けお茶会」では、作品の購入経験のある人にお会いしてご意見をお聞きしたりしています。minneでは、出品側と購入側の両目線から、不安や疑問、要望や改善点などを直接ヒアリングさせていただくことで、より使いやすく親しみのあるマーケットとなることを目指して改良を重ねています。

minneエバンジェリスト
阿部雅幸
minneの立案者。minne創立からずっとminneの運営に携わり現在は主にminneの啓発活動を担当。

↑服飾専門学校とのコラボレーション企画では、学生が設置・装飾したブースで、minne作家の作品を販売しました。

↓大手手芸用品店とminneで「ハンドメイド大賞」を開催。授賞式には、ゲスト審査員として篠原ともえさんにもお越しいただきました。

←↑作品を直接販売するイベントは、各地で定期的に行っています。人気作家のブースは、毎回長蛇の列！

↓→minneのアトリエで定期的に行っている「作家さま向け勉強会」、「購入者向けお茶会」の様子。毎回、応募が多く、すぐに定員に達してしまいます。

→全国の百貨店や量販店でも、期間限定でポップアップストアをオープンします。毎回大盛況です。

集客率抜群 Pickup（ピックアップ）掲載への道!!

掲載ポイントをminneスタッフが解説します！

minne事業部
作家支援チーム
ディレクター
青木早織

minne事業部
作家支援チーム
ディレクター
角田亜也子

プロモーション
戦略グループ
清水愛実

Pickup（ピックアップ）とは？

言わばminneの顔。掲載する作品はディレクターが厳選しています

トップページを飾るスタッフ厳選のおすすめ作品掲載ゾーンが「Pickup」。初めてサイトを訪れたユーザーへの名刺代わりのページです。同時に、ここに掲載されると、おのずと注目度が高まるので、実売率も大きく上がります。掲載の条件としてはまず、何よりもクオリティーが高いこと。また、minneでしか買えないオリジナリティーや作品の魅力が写真で伝わることなども大事な条件となります。過去に掲載された作品を例に、ディレクターの目に留まったポイントを紹介します。

トップページのかなりの面積を割いているPickup。可愛い作品を見つけると思わずクリックしてしまいます。

「アクセサリー」作品

Pickup ピックアップ

手の形は、ピアスには珍しいモチーフ。ユニークなモチーフを上品なデザインにまとめています。

着用している画像だったので、着けたときの雰囲気がわかりやすくて、より作品に興味が持てました。

木製のブローチです。日本の伝統工芸と、レトロモダンなモチーフの相性がバッチリで好印象でした。

ヴィンテージのスワロフスキーのイヤリングは、カラフルなんですがシックにまとまっていますよね。

サーカスのテントをモチーフにしたリングです。珍しいデザインで、細部のつくりがしっかりしています。

「初恋のいちごみるくピアス、イヤリング」というネーミングと写真の世界観の演出がマッチしていました。

スタッフ一押し！

ミニチュアのトースト型ブローチ。おいしそうと思ってしまうほどリアルで、実際に見てみたくなりました。

Pickup ここだけの話

掲載する作品の選定基準に明確な定義はないんです。トレンドや季節感を意識して、特定ジャンルに偏らないようにセレクトしています。機械的に選出しているわけではなく１点１点目視で選んでいますので、ディレクターが自分で欲しいと思う作品も選ばれていますよ。（青木）

「ファッション」、「バッグ・財布・小物」、「家具・生活雑貨」、「文房具・ステーショナリー」、「ニット・編み物」、「陶器・ガラス・食器」、「アート・写真」 作品

スタッフ一押し！

オリジナルの生地で丁寧に仕立てられたワンピース。素敵なコーディネート写真でより魅力的に見えます。

Pickup ここだけの話

季節に合わせたテーマで特集を組むことがありますが、サイト上での事前告知はしません。去年の特集の時期やテーマから、次の特集を予想して、作品や写真をご用意くださる研究熱心な作家さんもいらっしゃいますね。どんなテーマが登場するか、楽しみにしていてくださいね。（角田）

水彩絵の具で描いたようなプリントが個性的なiPhoneケースです。既成品では見かけない柄ですよね。

写真がとてもきれいで、どんなインテリアとも合うシンプルなテーブルを、ありのままに写しています。

レザー素材のペンのキャップです。いつもの文房具がちょっとだけグレードアップする感じが素敵です。

模様編みのニット帽なんですが、まわりに枯れ葉や木の実を散らして、とっても可愛く演出していますね。

トレイ、スプーン、ミルク入れ、砂糖入れのセット。コーヒーを飲むシーンがイメージできていいですね。

厚みのある木製のモビールです。手でつくるいろいろなサインをモチーフにしていて、ユニークですよね。

「ベビー・キッズ」、「ぬいぐるみ・人形」、「おもちゃ」、「ペットグッズ」、「アロマ・キャンドル」、「フラワー・ガーデン」作品

Pickup ピックアップ

たくさんの柄から好きなものを選んで注文するキッズ用のパンツです。選ぶ楽しさのある作品だと思います。

針山として使えるぬいぐるみです。ゆる〜い表情なのに、針を刺されているギャップにグッときました(笑)。

ミニチュアフードです。指でつまんだ写真だからこそ、作品がどれだけ小さいかがひと目でわかりますよね。

猫、小型犬用の布製の飾り衿です。水玉柄とデニム地のネクタイの組み合わせがとっても可愛いです。

「プルプルした不思議なキャンドル」は、名前のとおりやわらかいんだそう。作品名を見ただけで気になります。

我が家に飾りたいと思って選びました。落ち着いた色合いと自然光が生み出す陰影がマッチしています。

Pickup ここだけの話

ピックアップに選ばれた作品は、作品写真の1枚目に登録されたものが表示されるようになっています。ですから、1枚目の写真に特にこだわっていただくと、掲載される確率が上がるかもしれません。撮り方に迷ったら、「minneのアトリエ」やイベントなどで、スタッフに気軽にご相談ください。

スタッフ一押し！

かぶったときの帽子のシルエットや、おかっぱヘアとのバランスが一目瞭然で、なんと言っても可愛い！

minneスタッフからアドバイス
“販売”につながる5つのポイント

1 明快な世界観を軸に作品づくりをしている

作品づくりで大切なのは、自分の世界観を持つことです。minneで人気の作家たちは、それぞれ独自の世界観を確立しています。どの作品もテイストがはっきりしているので、ファンがつくのです。そのことは、ブランドの成長にもつながります。途中で行き詰まらないためにも、世界観をしっかりもち作品をつくりましょう。

2 納得できる価格設定をしている

「なんとなく」で値段をつけると、多くの人は安く設定してしまいがちです。せっかく売れても、儲けが出なくては作家活動を続けていくのが難しくなります。かと言って、高く設定しては売れません。人気作家たちの多くは適正な価格を研究しています。ターゲットを定め、原価なども把握して、お客が納得できる価格設定をしましょう。

3 言葉遣いも対応も丁寧

個人間の売買で、購入者のいちばんの心配は、出品者が安心して取引できる相手かどうかです。そしてその手がかりはサイト上の出品者の言葉にしかありません。ですから出品者は、いかに丁寧にわかりやすく、作品の世界観やお客への姿勢を表すかが大切です。ネット販売では、言葉がコミュニケーションの要となることを心得ましょう。

4 作品写真が魅力的でわかりやすい

作品を生かすも殺すも写真次第です。どんなにすぐれた作品でも写真がイマイチでは、その魅力は伝わりません。暗い写真やピンボケ写真は論外ですが、実際の色や形と違った写真はクレームに繋がることもあります。作品の性質や特徴を正しく写すことはとても大事なことです。魅力的で正確な写真を目指しましょう。

5 ラッピングも手を抜かない

購入者への感謝の気持ちを表せるのと同時に、開封する前のわくわく感も演出できるのがラッピングです。人気作家には、ラッピングも含めて作品と考える方が多いようです。心の込もったラッピングは「また次も買いたい」と思ってもらえることが多いので、リピーターを増やすことにもつながります。

CONTENTS

※本書に掲載している価格はすべて税抜きです。

minneのしくみとはじめ方

minneのサービス内容をチェックし、気軽にはじめてみましょう。
購入・出品がとっても簡単です！

誰でも無料ではじめられる

minneはパソコンやスマホでできる、手づくり作品売買の仲介サイトです。作家登録数（出品者数）は30万人、約440万アイテム（2016年11月時点）を常時取り扱っており、minneに作家登録するだけで販売することができます。売買における代金のやりとりをminneが代行してくれるので、個人売買であっても面倒な手続きはありませんし、個人情報を公開しなくても取引できるので安心です。売買成立時に、作家側に手数料が発生しますが、基本的には無料で利用できます。

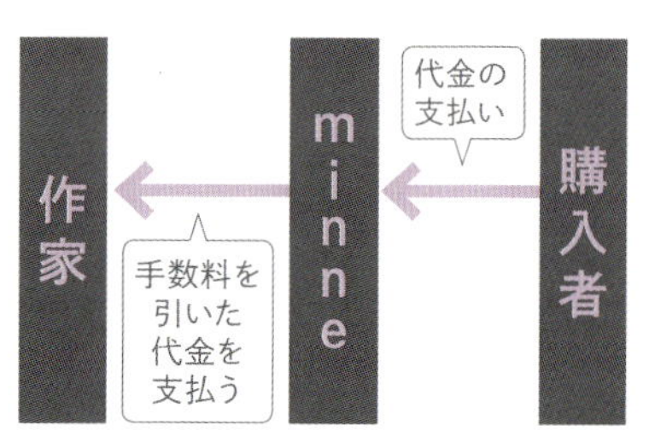

「売る」場合は会員登録が必要

買い物をするだけの場合、会員登録は必要ありません。
なお、売買が成立したときに作家側に発生する販売手数料は販売価格の10%です。

登録と料金比較	作家	購入者
minneの会員登録	必要	不要
作家登録	必要	不要
販売手数料	10%（税抜）	無料

作家登録すると使える機能

作家登録すると、会員同士でのメッセージのやりとりや、気になる作品のお気に入り登録、好きな作家のフォローといった会員登録者向けの機能のほか、ギャラリー（ユーザー専用の作品展示ページ）の作成や作品の販売なども行えるようになります。

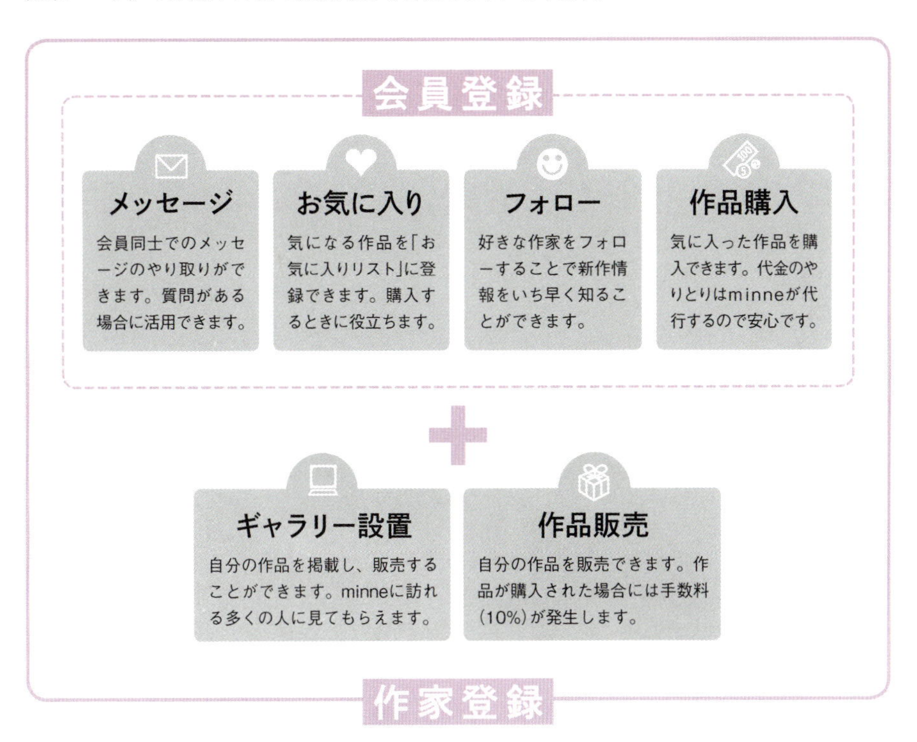

minne利用の5大メリット

1. ネット販売の手続きが簡単
2. 個人情報を公開しなくてOKなので安心
3. 購入者との売買の仲介をminneがしてくれる
4. 専用の作品展示ページを無料でもらえる
5. 多くの人に見てもらえる

minneとほかのサイトと比べてみよう

ネットショップとの違い

一番は集客力！　出品するだけで、たくさんの人の目に触れるチャンスが。さらに、個人のネットショップでは、販売用サイトの設立や運営、宣伝までも自分でやらなければならず、手間も時間もかかり、精神的な負担も大きくなります。そのあたりの管理やサポートをminneが代行するので、その分、作品づくりに集中できます。

販売までの工程	ネットショップ	minne
サービスへお申し込み	✔	✔
サイトデザイン製作	✔	
決済代行会社契約	✔	
作品を登録	✔	✔

オークションサイトとの違い

オークションサイトは「競売」を目的にしているサイト。買う側の落札額によって価格が決まるので、安く落札されて赤字になる危険性もあります。minneでは自分で価格設定ができるのでそれを防ぐことができます。また「なんでも売る」オークションに対して、ハンドメイドに興味のある人が集まるという点もminneの特性。好きな作家を見つけてフォローしたり、気になる作品をお気に入りに登録したり、メッセージをやりとりしたりと、購入者と作家をつなげる「コミュニティーサイト」でもあります。

利用できる機能	オークションサイト	minne
価格	競売	作家が設定
お気に入り機能	×	○
フォロー機能	×	○
サイトデザイン製作	×	○
決済代行会社契約	○	○

minneで出品してはいけないもの

既製品	大量生産されている既製品
転売品	他のクリエーターが制作した雑貨やアクセサリー、生活雑貨など
化粧品・石けん	法律上化粧品に該当する基礎化粧品や香水、 薬事法の対象となる手づくりの石けん、シャンプー、入浴剤など
データ類	作品のつくり方や画像データなどをメールやダウンロードで納品する販売

※2016年11月時点の情報です。

minneをはじめる前に

出品者としての心得

出品すること自体はとても簡単ですが、実際に「売る」となると、それなりのクオリティーと意識が求められます。「初心者だから」などの言い訳は通用しません。プロ作家を目指すなら、なおさらです。出品する前に、自分はどこを目指すのかをしっかりとイメージしておきましょう。最初は売れなくて当然です。でも、そこでめげるのではなく、売れない理由を考えて研究して、自分だけの成功プランを確立させていきましょう。

心得チェック

- □ 自分のつくりたい世界観をもっている
- □ プロ意識をもって作品をつくっていける
- □ 買った人に喜んでほしいという気持ちがある
- □ ハンドメイド作家としての夢や目標がある
- □ どんなに忙しくても作品づくりを楽しめる
- □ 利益のことをきちんと考えられる

さっそくはじめてみよう

minneで作品を販売するまでのシミュレーション

準備するもの

パソコンやスマホは必須です。また、どちらを使用する場合も受信可能なメールアドレスが必要となります。買い物するだけの人はこれだけでOKですが、作家として作品を販売する人は、代金受け取り用の銀行口座の情報が必要となるので事前に準備をしておきましょう。加えて、出品作品を撮影するためのカメラもあると便利です。

出品までの流れ

1：会員登録をします

minneトップページ右上の、「会員登録」をクリックして登録画面へ進みます。会員登録ページに必要項目を入力し、「利用規約に同意して会員登録」クリックします。あっという間に登録完了です。

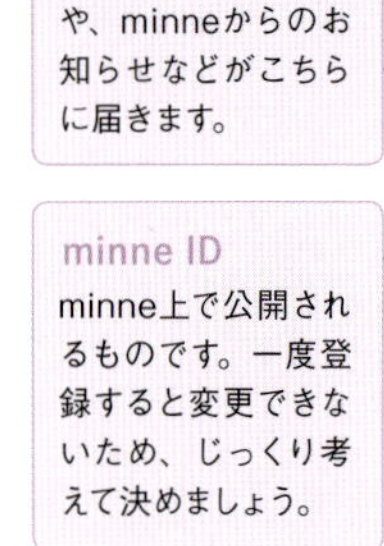

会員ページはこうなっています

アイコン
あなたを示すアイコンが表示されます。アイコンは、ギャラリーページなどminneのサイト上で表示されます。

ニックネーム
minne IDとは別にあなたのニックネームを設定できます。プロフィールページや、メールの送信をしたときの名前など、minneのサイト上で表示されます。

お気に入りされた数
あなたの公開している作品が、他のユーザーのお気に入りに加えられた数です。

フォローしている数
あなたがフォローしているユーザーの数です。クリックすると、詳細を確認できます。

フォローされている数
あなたをフォローしているユーザーの数です。クリックすると、詳細を確認できます。

会員ページ内のメニュー
作品を登録する／作品一覧・作品管理／ギャラリー設定／売れたもの／買ったもの／フォロー、などのメニューがあります。次ページより紹介する作家登録や作品写真のアップなどもこのメニューを使って行います。

みんなの最新情報
minneを利用している全てのユーザーのお気に入り登録をタイムラインで見ることができます。

あなたのお気に入りされた作品
あなたが公開しているどの作品をどのユーザーがお気に入り登録しているか確認することができます。

スマホで登録するならアプリが簡単！

minneのアプリを使えば、さらに簡単です。作品の登録から公開まで、手軽に操作できます。 写真を撮ってそのまま出品できるのも魅力。

アプリダウンロードはこちらから！
https://minne.com/app

2：会員ページから作家登録をします

続いて、会員ページ内のメニューから「作品を販売する」をクリックすると作品を登録できるようになります。本名や住所、メールアドレス、生年月日などのお客様情報と、作品が売れた場合に支払われる売り上げ代金の振込口座（銀行口座）もここで登録します。間違いのないように登録しましょう。

【パソコン】　【スマホ】

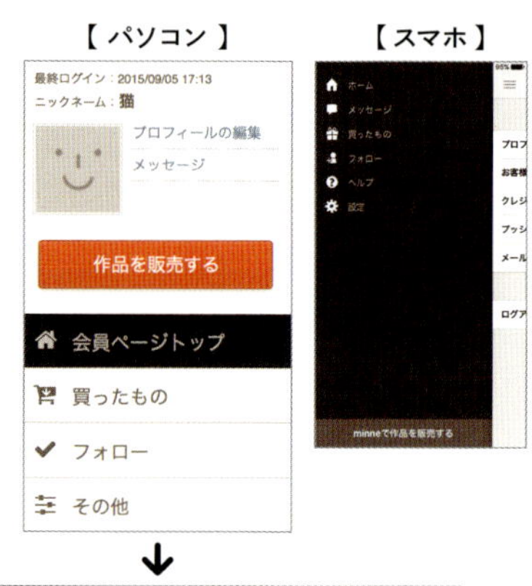

必要事項を入力しましょう

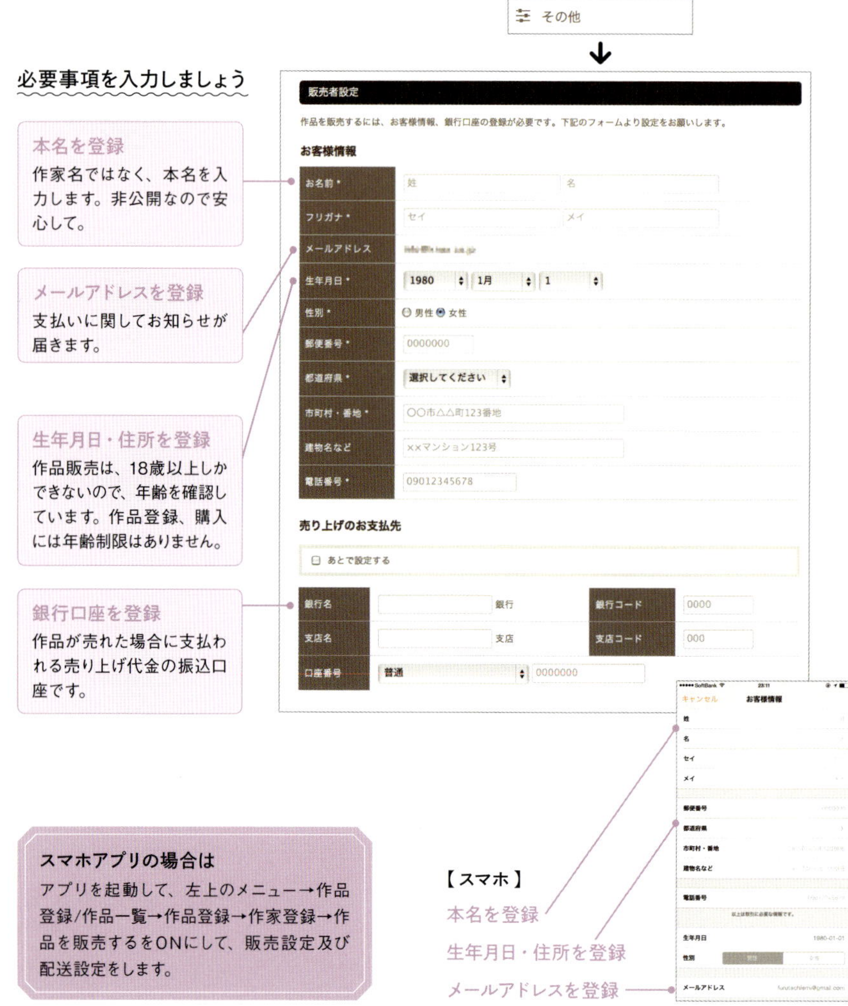

本名を登録
作家名ではなく、本名を入力します。非公開なので安心して。

メールアドレスを登録
支払いに関してお知らせが届きます。

生年月日・住所を登録
作品販売は、18歳以上しかできないので、年齢を確認しています。作品登録、購入には年齢制限はありません。

銀行口座を登録
作品が売れた場合に支払われる売り上げ代金の振込口座です。

スマホアプリの場合は
アプリを起動して、左上のメニュー→作品登録/作品一覧→作品登録→作家登録→作品を販売するをONにして、販売設定及び配送設定をします。

【スマホ】
本名を登録
生年月日・住所を登録
メールアドレスを登録

3: 作品写真を登録します

会員ページ左側のメニュー一覧から「作品を登録する」を選択して、販売する作品の写真を、画面にしたがってアップロードします。写真は5枚まで掲載できるので、作品の魅力が伝わるように有効に使いましょう。ギャラリーのトップページには一番左の写真が表示されます。「売る」ためには、作品の魅力が一番伝わる写真にしておくのがポイント!

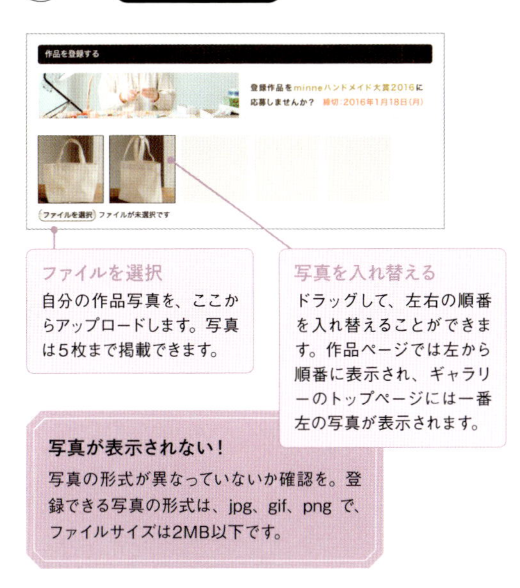

ファイルを選択
自分の作品写真を、ここからアップロードします。写真は5枚まで掲載できます。

写真を入れ替える
ドラッグして、左右の順番を入れ替えることができます。作品ページでは左から順番に表示され、ギャラリーのトップページには一番左の写真が表示されます。

写真が表示されない!
写真の形式が異なっていないか確認を。登録できる写真の形式は、jpg、gif、png で、ファイルサイズは2MB以下です。

作品説明を書きます

説明は作品のポイント、素材、 色、種類、大きさ、使い方、コーディネートの仕方などなるべく詳しく書くと検索されやすくなります。

4: ギャラリーを設定します

会員ページ左側のメニュー一覧から「ギャラリー設定」を選択し、ギャラリー名の設定やギャラリー紹介のコピーなどを記入します。ここでいかに作品の特徴や世界観を伝えるかが重要です。

ギャラリー名
自分が設定したギャラリー名を確認できます。

お休み設定
お休み中にすると、作品ページの「カートに入れる」ボタンがクリックできなくなります。

フォント設定
フォントの種類や文字間などが設定・変更できます。

ギャラリー紹介
作品の特徴や、世界観などの紹介を書きます。

5: 送料を設定します

配送料は、配送する物の重さ、大きさ、配送元から配送先の距離などによって価格が変わります。会員ページ左側のメニュー一覧から「作品を登録する」を選択し、「販売設定」で「販売する」にチェックを入れ、「配送設定」から送料を設定します。作品の大きさ、補償・追跡機能の有無など、料金以外の点も考慮して選びましょう。販売価格が高額になる場合や、発送中のトラブルに備えたい場合は、補償つきがおすすめです。作品2点以上を発送する場合には、追加個数ごとに適用される追加の送料を設定します。

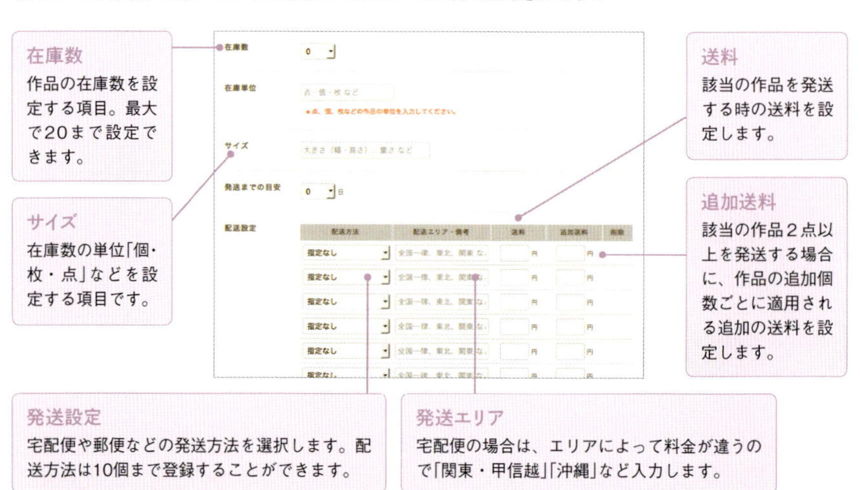

配送方法	特徴	
ヤマト運輸 宅急便	配送先までの距離、荷物の大きさ、重さによって値段が変動します。追跡や補償もあります。	一律…なし 補償…あり 追跡…あり
日本郵便 定形外郵便	重さによって値段が変動します。配達は郵便受けへの投函になります。特定記録を利用すると、配達状況を確認できます。	一律…なし 補償…なし 追跡…あり
日本郵便 レターパック	全国一律料金。対面で届けるレターパックプラス(510円)と、郵便ポストへ届けるレターパックライト(360円)があります。郵便窓口への差し出しのほか、ポスト投函もできるので便利です。	一律…あり 補償…なし 追跡…あり

送料の異なる2点以上の作品を発送する場合は?

注文作品の中で一番高い送料が基本の送料として適用され、その他の作品の追加送料を加算した金額が、注文の総送料になります。

minneの集荷・代引配送サービスって?

配達員(集荷係)が作家から集荷した品物を購入者に代金引き替えで届ける配送決済サービスです。送料は一般的な配送価格よりリーズナブルなので販売者も購入者もお得にご利用いただけます。

Column minne READ MORE!

やればさらにプラス！

SNSやブログを活用しましょう！

Twitter、Facebookへ自動投稿

minneでは、簡単な設定を行うだけで、Twitter、Facebookといった SNSへの自動投稿ができるようになっています。新商品の紹介、制作風景、イベントの告知や納品状況のお知らせ、売り上げのアップはもちろん、ファンの獲得などにもプラスになるでしょう。さらにハッシュタグを付けることで、minneがリツイートしたり、紹介することもあります。

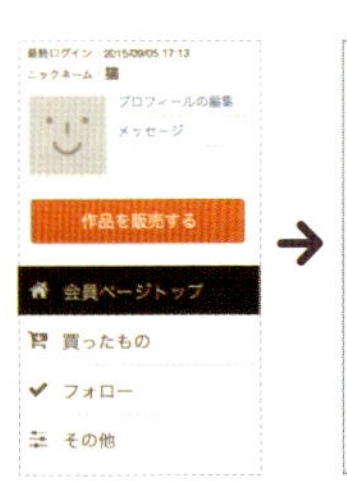

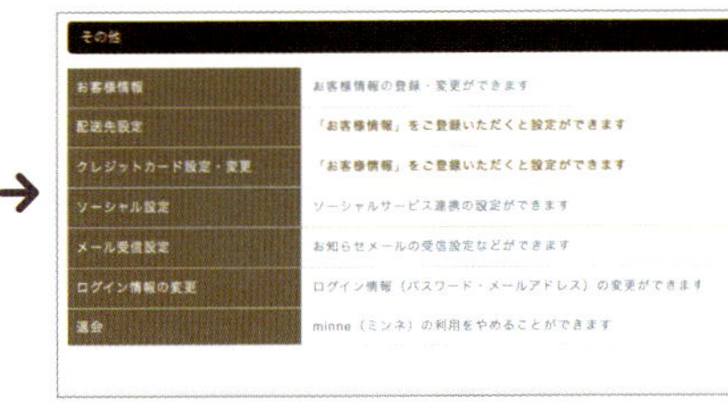

minne会員ページ左側のメニュー一覧から「その他」を選択して、そこから「ソーシャル設定」をクリックします。そうすると右のようなページが出てくるので、Twitter、Facebookの「接続する」ボタンを押します。そこからTwitter、Facebookのページに移動するので、それぞれ投稿する設定を許可してください。

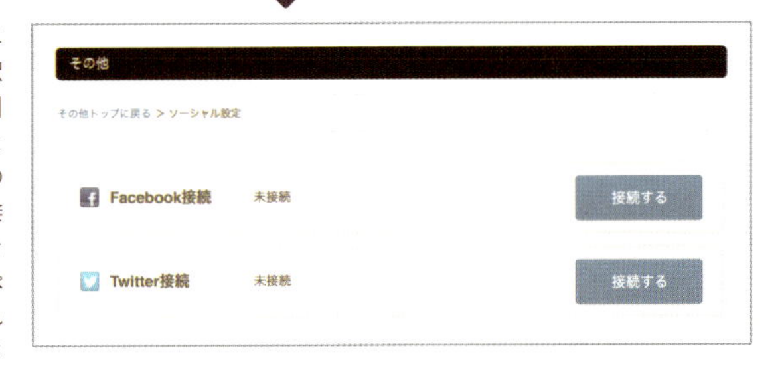

人気作家アドバイス

Twitterで制作の模様や新作紹介を随時行い、minneでの販売日程やイベントへの参加の際は積極的に告知や持参する作品の紹介を行っています。(nanacoma)

SNSは活用するようにしています。「リツイート」や「お気に入り」をたくさんいただいたりすると、とても作品作りの励みになります。(市宵)

SNSで大型のハンドメイドイベントやminneブースなどの出店情報を告知し、イベントのご購入者様には商品と名刺を合わせてお渡ししています。(ORANGE)

自分のwebにminneのバナーを貼る

SNSだけではなく、自分のホームページやブログなどからminneの作品ページへのリンクも可能です。minneのバナーはデザインや形、大きさ違いで各種用意されているので、自分のHPに合ったものをダウンロードして使用してください。ブログで作品の制作過程を見せることで興味をもってもらったり、また作家自身に親しみを感じてもらうことができます。ストーリーやエピソードという物語性が、購買につながるので、ぜひ積極的に利用しましょう。

サイト内「よくある質問」から「サービスについて」を選択、そこから「minneのバナーはありますか？」をクリックしダウンロードしてください。

THINKING ABOUT HANDMADE WORK!

コレが欲しい！と言われる

作品づくりの考え方

出品したのにどうしても売れないと悩んでいる方は
考え方を見直してみましょう。
これからはじめる方は、
商品としての作品づくりの考え方を学んでいきましょう。

すべてはブランディングからはじまる

あなたの世界観を魅力的な形にする

minneで売れている作品に共通しているのは「自分の世界観」をもっていることです。スタッフがピックアップの作品を選ぶときも、そのオリジナリティーが重視されます。ただ奇抜なアイデアで目立っていればいいというわけではありません。行き当たりばったりではなく、自分のつくりたい世界観をどう形にするか、考えられていることが大切です。世界観が確立されていれば、作品づくりに迷いがなくなります。リピートして買ってくれるファンもつきやすくなり、売り上げに大きく関係してきます。そうしたあなたの世界観をブランドという形にして多くの人に広めていくことをブランディングといいます。

ブランディングの効果

- 好みの似ているお客が集まりやすくなる。
- 1度でも評価してくれたお客がリピーターになる可能性が上がる。
- 作品の価値が上がることで、価格を維持できたり、あるいは少し高めのプレミアム価値もつけられる。
- 似たような作品があったとしても、差別化ができているので価格競争に巻き込まれずに、値崩れしなくてすむ。

会えない相手への
イメージの伝え方がカギ

ブランディングはまず、ブランドのイメージを決めることからはじまりますが、いきなり「自分のブランドをどうしたいか?」と聞かれてもなかなか答えられないもの。そこで本書では、1つひとつ順番に考えて、世界観をブランド化していく基本的な方法をご紹介します。自分のつくりたいものと世間のニーズをすり合わせ、さらに好きなテイストを加えます。そうするとブランドのイメージが見えてきます。それに共感してくれる人のタイプを設定してから次にイメージを形にしていきます。minneのようなハンドメイドマーケットでは、ユーザーと会う機会が少ないので、明快さを意識したブランディングがカギとなります。

ブランディングの流れ

STEP 1 何をつくるかを決める

↓

STEP 2 自分の好きなテイストを知る

↓

STEP 3 どんな人が共感してくれるかを考える

↓

STEP 4 作品にぴったりなブランド名を考える

STEP 1

何をつくるかを決める

ブランドを定着させるには、そのブランドで何が買えるのかユーザーに認知されることが大切です。出品者の多くは多趣味で器用で、いろいろなものづくりができると思いますが、まず自分がつくりたいものを書き出し、次に世間でニーズが高そうなものを書き出してみましょう。このふたつに共通するもののなかから、あなたが楽しくつくり続けることができそうに思うものを選びます。それがあなたにとって作家としてつくるのに向いているものになります。

考えてみよう！

1. つくりたいものを書き出してみましょう。

2. ニーズが高いと思うものを書き出してみましょう。

3. 1、2で共通するものの中から、楽しくつくり続けることができそうなものを選びます。

STEP 2

自分の好きなテイストを知る

自分の好きなテイストを自覚すると､自分の世界観が見えてきます。自分でも意識していないことがほとんどなので、それを知るためにいろいろな方法で自分の好きなデザインや色、形などを集めてみましょう。好きな雑誌は？　文字は？　国は？　季節は？　ブランドは？　好きなものをいろいろ集めてながめてみると、自分の好むテイストがわかってくるはずです。それが、世界観を形にする際の土台となります。

やってみよう！

1. ネット検索
好きなブランドの商品やロゴマーク､買い物袋､パッケージやTシャツのロゴなど、画像検索をして気になるものを紙にプリントする。

2. お気入りのものを集める
好きで買ったものや､好きな雑誌のページを集める。

3. 並べる
1で集めた画像、2で集めたものを並べてながめてみる。

4. 傾向を絞る
文字や、色や柄など、タイプの近いものをまとめてみる。多く集まったものが､あなたの好きなテイストです。

LESSON TO SELLING ·minne·

STEP 3

どんな人が共感してくれるかを考える

世界観を作品に反映させてつくるときは､｢誰に向けたものか（＝ターゲット）｣をきちんと想定しないと、的外れな作品をつくり続けることになり、どんどん売れないブランドになってしまいます。ただ漠然と「不特定多数の人へ」と考えるよりも、まずはシンプルに、身近にいる「自分が好きな世界観」に共感してくれる人をイメージしてみましょう。自分と似たタイプの人や趣味が同じ友だちなどを思い浮かべて、下記の項目を具体的に設定していきます。ターゲットを決めるとブレないブランドになり、さらには作品のラインナップを考えたり､価格を設定するときの基準にもなります。

考えてみよう！

あなたのブランドに共感してくれそうな人のイメージを書いてみましょう。

年齢層は?	性別は?
既婚? 独身?	子どもは? 人
どんな街で買い物している?	
どんなショップ、ブランドが好き?	
どんな雑誌や本が好き?	

STEP 4

作品にぴったりなブランド名を考える

何をつくるか決め、好きなテイストを知り、ターゲットを設定する。そうして見えてきたブランドのイメージを形にしていくために、ブランド名を考えてみましょう。ブランド名は、minneで作品を展示・販売するギャラリー名でもあります。それが作品のイメージになるので、世界観に合ったものを考えなくてはいけません。考え方としては、まずは、自分の世界観をふくらませて、思いついた言葉を書き出します。次にその世界観に「自分の名前」や「好きな言葉」などプラスしてみましょう。そうしていろいろと創作した言葉のなかから、一番しっくりくるものをブランド名として選びましょう。

考えてみよう！

世界観を表現するパターン

自分の名前をアレンジしたパターン

好きな言葉をアレンジしたパターン

ここに注意！ 似たようなブランド名がすでにあるかもしれません。考えたブランド名はネット検索してみましょう。

人気作家のブランド名を見てみましょう

いろいろなタイプのブランド名を集めてみました。ある人は語呂合わせ、ある人は好きな言葉、ある人は形から、ある人は子どものころのあだ名など、命名はさまざまです。でも、どの作家のブランド名もしっかりとブランディングされているので、名前からどのようなテイストの作品をつくっているのか想像できます。人気作家の名付け方を参考にしつつ、自分の世界観を表すブランド名を考えてみましょう。

CASE 1 716雑貨（ななといろざっか）

ブランド名の由来 自由な発想でつくりたくて「七色」を思いつき、なんとなく数字をあててみたら「716種類つくれば何か見えてくるかも」と、目標も兼ねて数字に。現在作品数は約200種類！

from minne いろんな雑貨を扱うお店だとイメージできますし語呂合わせが面白いですね。なじみのある単語なので印象に残ります。

CASE 2 スタジオおやつ

ブランド名の由来 生きるのに必須ではないけれど、気持ちをちょっぴりウキウキさせてくれる雑貨は、心のおやつ。そんな存在でありたいと願って「おやつ」という言葉を選びました。

from minne 「おやつ」と、ものづくりを意味する「スタジオ」の組み合わせは、意外にもしっくり。イメージどおりの作風に好感がもてます。

CASE 3 六百田商店°（ろっぴゃくだしょうてん）

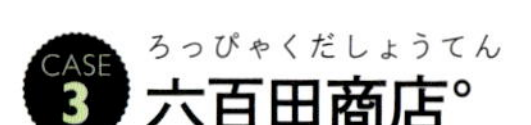

ブランド名の由来 名字と「商店」を組み合わせただけなのですが、珍しい名字だからか個性的に映るようです。相棒が「オータまる」という作家名なので、丸の記号もつけています。

from minne 珍しい名字を生かして印象的なブランド名になってますね。「六百」という数字に品ぞろえが豊富な商店というイメージも。

CASE 4 OTO OTO（おとおと）

ブランド名の由来 折り紙の輪っか飾りがモチーフのアクセサリーなので、○と○がつながったデザインから連想してアルファベットをあてはめ、ローマ字読みにしました。（商標登録済み）

from minne なんといっても発想がおもしろいですね。また「オトオト」という響きは「弟」を連想させて、親しみやすい語感に。

CASE 5 hina工作室（ひなこうさくしつ）

ブランド名の由来 「ひな」は子どものころのあだ名なんです。昔からものづくりが好きで、「何かひとりでちまちまつくってるよ」とよく言われていました。素朴な感じがして気に入っています。

from minne 「ひな」という響きの可愛らしさと、「工作室」という言葉のもつ硬派なイメージのバランスが絶妙ですね。手仕事感も伝わります。

CASE 6 ○△□（まるさんかくしかく）

ブランド名の由来 気取らずいつでもつけたいと思えるアクセサリーをつくりたかったので、日常に馴染む単純な丸や三角や四角のような形のアクセサリーをつくろうと思いつきました。

from minne 大人から子どもまで誰もがなじみのある記号を使った、親しみやすいブランド名。シンプルな作風をよく表しています。

はなまるなブランディング術

minneで人気の作家は、どのような考えでブランディングしているのでしょうか。実例として、作家のコンセプトを紹介します。作家のギャラリー（作品の展示・販売ページ）と合わせて見るとよいでしょう。前ページまでで紹介した基本的なブランディングと合わせて参考にしながら、自分のブランドコンセプトについても考えてみましょう。

女子の夢をアクセサリーで表現

hatomiuco ｜はとみうこ｜ 渡辺理恵子

minneページ https://minne.com/hatomiuco

【代表的な作品】

実は私の場合、コンセプトを考えるよりも作品づくりのほうが先でした。作品をつくりはじめてしばらくしたある日、出品する企画展にブランドコンセプトの提出を求められ、急きょ考えたんです。それまでつくった作品を見直し、連想できる言葉を考えて現在のコンセプトに落ち着きました。当初から自分の中にはつくりたいものや世界観が明確にありましたが、長期にわたって作品と向かい合うことを考えると、言葉で明確にすることも必要だと思いました。

ブランドコンセプト

「手に乗せられて身につけられる女の子の夢」をコンセプトに、パステルカラーのアクセサリーや雑貨で世界観を表現しています。ファッションのテイストや年齢を問わず、すべての可愛い物が好きな人に喜んでもらえる作品を心掛けています。

三つ子の姉妹がつくり出すコラボ雑貨

CASE 2

kyi | きぃ |

主宰・刺繍作家 **長尾京子**
イラストレーター **長尾佳子**
デザイナー・パタンナー **長尾育子**

minneページ https://minne.com/kyi

【代表的な作品】

コンセプトを立てる上でおすすめなのは、とにかく言葉にすることです。大切にしたいこと、目標、どこまで予算や時間をかけるか、自分たちのギャラリーの価値や強み、ほかのギャラリーとの違いなどを言葉にし、紙に書いたりパソコンに打ったりするんです。そこで出てきた言葉を俯瞰して見たときに、コンセプトやポリシーが明確になり、覚悟も生まれてくると思います。そのコンセプトにこだわってきたことが、作家活動が続けられている秘訣です。

ブランドコンセプト

運営は、三つ子の三姉妹作家。目指すのは、暮らしの中でちょっとしたアクセントになる雑貨をつくり出すこと。kyiの雑貨を手にした人たちに、楽しさや喜びを届けたいという想いが原点になっています。

考えてみよう！

28〜30ページで決めたことを書き出してみましょう。

つくるもの
テイスト
ターゲット

考えてみよう！

どんなギャラリーにしたいかひと言で表してみましょう。

大切にしたいこと

作品づくりにおけるこだわり

1年後の目標

将来の目標

ギャラリーの特徴

他ギャラリーとの違い

考えてみよう！

コンセプトを文章にまとめてみましょう。

人気作家のみなさん

ロゴマーク、どうやって考えましたか？

ロゴマークは、作家活動のさまざまな場面で使用します。人気作家のみなさんは、どのように考えたのでしょうか。4人の作家が教えてくれました。

「プラス記号から連想して三角形を交差させました」

ギャラリー　tashizan+note［タシザンノート］

目指したのは、ひと目でわかるシンプルなロゴです。すっきりした書体と組み合わせた三角形のモチーフは、当時から三角形の作品が多かったから。いろんなロゴを参考に、SNSアイコンやショップカードなど、使い道を意識してつくるといいですよ。

こんな作品つくってます

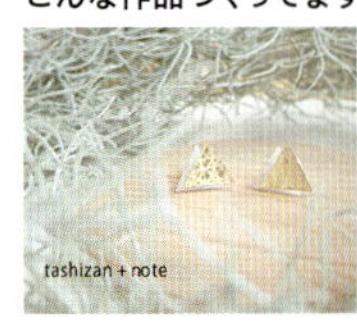

「親しみやすさと手描き感を重視しました」

ギャラリー
テンセン図案

作風に合わせ手描き感のある少しレトロな雰囲気の書体を選び、飾り罫をあしらいました。作品がカラフルなのでロゴの色はシンプルに黒1色にしています。ラベルや送り状をクラフト紙で統一しているため、アイコンの地色にも同じ色を敷きました。

こんな作品つくってます

「一番可愛いロゴになったブランド名がコレでした」

ギャラリー
peca［ペカ］

pecaはスペイン語で「そばかす」。そこからおさげを連想してこのロゴに。ブランド名を決めるとき、いくつかのブランド名の候補と、それぞれの字面に合うロゴを複数考えたんです。そして、一番可愛いロゴになったこのブランド名に決めました。

こんな作品つくってます

「自作の消しゴムはんこを画像データにしました」

ギャラリー
伊の屋ぎゃらりー

がまぐちを作品の主軸とすることを決めた時点で、現在のロゴに変更しました。SNSのアイコンに使えて小さくても読みやすいように、ひらがな3文字にし、正方形を意識しました。フォロワーがつくまでは、1つのロゴを長期間使うことをおすすめします。

こんな作品つくってます

LESSON

2

THINK ABOUT SELLING PRICE

高すぎも安すぎもダメ!

納得できる価格の設定法

価格は、作品を販売するうえで
一番悩むポイントです。お客が買いたいと思い、かつ利益も出る
正しい価格設定を知っておきましょう。

価格でいちばん大事なこと

適正価格で両者が納得する取引を心掛けましょう

価格について考える前に、minneのフィールドがネット売買であるという原則を頭に入れておく必要があります。これはminneに限った話ではありませんが、ネットでの買い物では、品物を直に見たり、触ったりして購入できないというリスクがあります。特にminneの場合は、趣味性の高いハンドメイド作品ですので、想像と違ったときのショックは計りしれません。ですから、お客もいわゆる「ハズレくじ」をもっとも警戒します。その結果、一般的なビジネスにおいて、最上級の価値を誇る「安さ」がそれほど珍重されず、多少割高でも納得のいく取引を求めます。つまり安売りはたいして功を奏しません。作家にとってうれしいポイントかもしれませんが、その分一度ハズレと認定されると、取り返すのが難しいフィールドでもあります。

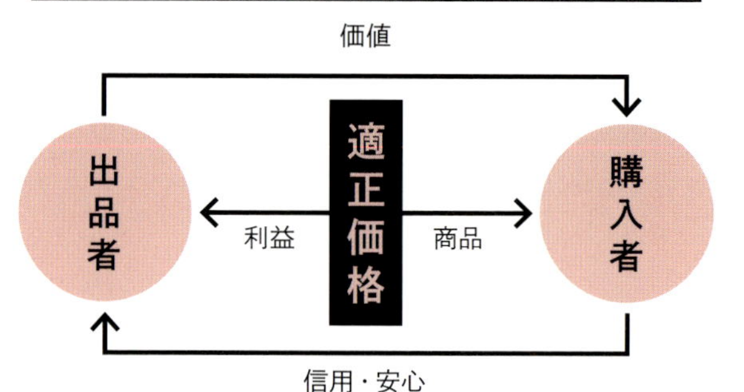

お客と作家2つの視点で価格を見てみましょう

価格をつけるにあたって大事なのは、お客にとっても、作家にとってもメリットのある価格にすることです。そのためには、両者の視点から価格を考えることが重要です。まずは、お客の視点で考えてみましょう。お客は購入を検討する際、品物と価格を比較して大まかに「安い・適正・高い」のいずれかで判断します。常識的には、「安い〜適正」までが検討に値する価格帯ということになりますが、そもそもこの判断は何を基準に下しているのでしょうか？　それはこれまでにお客が見てきた他の品物との比較にほかなりません。そのため、価格をつける側も、お客と同様にいろいろな品物を見比べて相場を知る必要があります。まずはminneや街のショップで同じジャンルの作品の価格をリサーチしましょう。その上で一度、自分の作品にいくらつけるのか、身近な人に意見を聞きながら、価格に対する感覚を比べてみましょう。それがお客の目線を養うことにつながります。ただし、相談する相手はなるべく自分のブランドに興味を示す人を選んでください。興味のない人はお客になりえませんので、あまり参考にはなりません。

続いては作家の視点から。作家にとってもっとも怖いのはまったく売れないこと。売れないということは、誰も作品に興味をもってくれないことと同義ですから、怖くなるのも当然です。そのため、出品歴の浅い人ほど、価格を安くしてしまう傾向にあるようです。気持ちはわかりますが、安易に価格を下げて販売すると、今度は売れれば売れるほど赤字になるという真の恐怖が待っています。これでは作家活動も続きませんし、作品の価値がきちんと評価されているのかも計れません。そうならないためにも、必ず利益は確保しましょう。では、どのくらい乗せるのが適正かという話になりますが、作品の生産数や、価格帯などいろいろな要素がからむので一概に言えません。ただし、先述した相場は無視できません。相場を見ながら、利益を加味した価格の落としどころを考えましょう。利益を低く見積もっても、高く見積もっても、相場から大きく離れた価格では、まず受け入れられないと覚えておきましょう。

エレガントなブランド ＝ **高く設定**
カジュアルなブランド ＝ **低く設定**

価格の設定はそのブランドがどんなターゲットを設定したかでも変わります。エレガントなブランドならお客の年齢層も経済力も高く、カジュアルなブランドなら年齢層も経済力も低い傾向にあります。ターゲットが買いやすい価格帯を考慮しましょう。

ありがち！ ここに注意

価格設定チェックリスト

□ かかった経費より販売価格が安い

□ 材料の仕入れを安くする工夫をしていない

□ 利益を意識していない

□ 人件費や作業代を加味していない

□ 高すぎる、または安すぎると言われたことがある

□ ラッピングの費用や仕入れの際の交通費を経費に入れていない

□ 競合の作品に合わせて価格を下げてしまった

□ 誰が買うのかを考えていない

販売価格の構成を知ろう

基本は「コスト＋純利益」です

販売価格とは、商品を売る際の値段のことで、材料費や手数料といった各種コストに利益を上乗せして算出します。こう書くととても簡単な図式に見えますが、実際はそうでもありません。たとえば、1人の作家が1枚の布をフル活用し、1点ものの作品を作って販売する場合、すべてのコストと確保したい利益を単純に足すだけで一応の販売価格は算出できます。しかし、これが2人の作家だったら？　そして1枚の布から20点作るとしたらどうでしょうか。計算は一気に複雑になり、何がコストで利益をどのくらい取るのか考えてから式を立てないと、販売価格を出すことができなくなります。特にコストは何か1つを失念してしまうと、たちまち赤字となってしまいますので注意が必要です。

POINT

販売価格の計算式

コスト（原価＋手数料） ＋ 純利益 ＝ 販売価格

原価をしっかり捉えましょう

先述した各種コストのうち、作品制作にかかる経費を原価といいます。よく聞く言葉だとは思いますが、誤解も多く、認識が甘いと赤字へと直結するので、どういうものかをしっかり押さえましょう。原価は３つの要素に分けられます。１つは「材料費」。作品の原材料や、使用する道具など作品づくりに直接かかる費用などです。たとえば陶器などの場合は、窯使用料や電気代もここに含まれます。２つめは「人件費」でいわゆる作業者への手当てです（44ページで説明します）。３つめは、材料費以外にかかった「経費」です。材料購入にかかった交通費や、作品を梱包するためのパッケージ代、試作品の材料費、さらに水道光熱費や作業場の家賃なども必要な経費です。この３つの要素を全て足したものが原価です。

材料費	布、糸、プラバンなどの主原料だけでなく、接着剤やテープなど作品づくりに使った道具や電気代なども含む。

＋

人件費	作業者の工賃。同じ工程のものはまとめてやるなど、作業効率を高める工夫をすると、その分低くなる。

＋

経費	材料調達にかかった電車やバスなどの交通費や、作品を梱包する際のパッケージ部材、試作時の材料費、さらに水道光熱費や作業場の家賃など。

人件費を見える化し、抑える工夫をしましょう

材料費や経費ほどはっきりしないため、捉え方が悩ましい人件費ですが､時給で考えると管理しやすくなります。時給の目安は､各都道府県から出されている1時間あたりの最低賃金（※1）です。これをもとにあなたが1つの作品をつくるのにかかる人件費を割り出してみましょう。前のページで説明したように、人件費も原価の要素なので、ここを抑える工夫は必要です。たとえば、同じような作業工程をまとめてやって効率を上げる、作業を簡単にする材料を探す、パソコンなどを活用して手作業を減らすなどして制作時間を減らせば、人件費を抑えることができます。その分、材料費にお金をかけることや、販売価格を抑えることなどにもつながります。

人気作家のアドバイス

1つだけ制作すると手間がかかるため、丁寧につくれる範囲内でまとめて制作して、作業効率を上げるようにしています。(neco-me.)

手刺しゅうだった物を刺しゅうミシンを使うことで作業効率を上げたり、布用クレヨンで手描きしていた物を、プリントに切り替えてコストを抑えることを検討しています。(スタジオおやつ)

※1 厚生労働省「平成27年度地域別最低賃金改定状況」での全国平均は798円

純利益は作品の価値で判断します

作品を販売して最終的にあなたの手元に残ったお金が純利益です。純利益に換算できるのは、作品そのものの価値です。それはデザイン性や機能性、アイデアであり、言い換えれば、あなたのセンスや技術でもあります。これらの価値を自ら見積もり、販売価格に加えてお客に提示します。見積もるのは作家ですが、判断するのはお客ですから、相場を見ながら販売価格の上限、下限などを推測し、冷静な目で見積もりましょう。よく「手間がかかっているから……」という理由で作品の価値を上げようとする人がいます。原価の説明でも触れましたが、これは原価の領域ですので、必ず原価に加えてください。販売価格が上がるのだから、同じことだと思うかもしれません。しかし、手間は制作方法の改善や効率化で解消される可能性の高い問題です。これを純利益に含んでしまうと原価を抑える方向に心が向かないばかりか、常に相場より高い販売価格しか提示できなくなるなど、何1つメリットになりません。

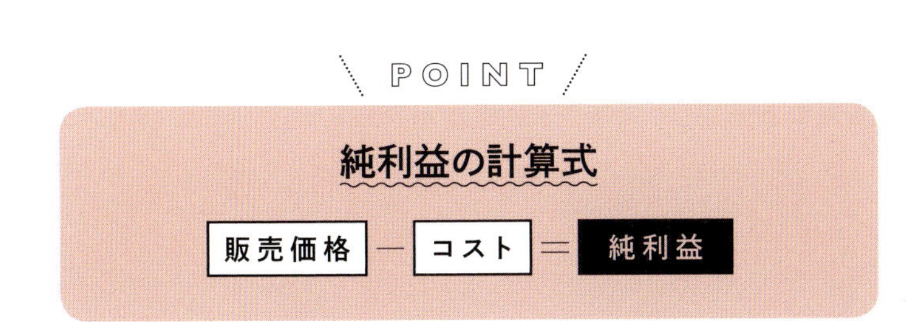

利益率を知る

販売価格を決めるベンチマーク

売り上げに対する利益のことを利益率といいます。価格を設定するには、この利益率が大きくかかわりますが、高額だから利益率が高いというわけではありません。利益率とは、販売価格と仕入れ値から利益が何パーセントになるかの収益性を見るものですから、仕入れ値が安くて高く売れる商品ほど、利益率は高いわけです。これまでの説明をもとに販売価格を設定したら、47ページの式にはめて利益率を見てみましょう。ただし、利益率と利益は必ずしもイコールでないので目安として考えましょう。

$$利益率 = \frac{販売価格 - 仕入れ値段}{販売価格}$$

↑

仕入れコストを抑えるのが
利益率UPのポイント！

利益率の違う作品を組み合わせるのがコツ

「利益率」だけを考えていると、価格が相場と合わなくなってしまったり、仕入れを低くしようとして作品づくりに影響が出てしまうこともあります。また、高額の作品は利益率が低くても金額で見ると利益は出るし、逆に利益率が高くても安価で手間がかかるものは利益を出しにくいというのも落とし穴です。一番いいのは、利益率を一律にせずに、高いものと低いものを組み合わせてバランスよく販売することで、利益を確保できるようにするやり方です。利益は出なくてもブランドイメージを高めるのに必要な作品を販売できたり、ブランディングもしやすくなります。

人気作家のアドバイス

買いやすい価格帯にしたベーシックラインと、縫製や手作業の行程が多く、素材にもこだわったプラスラインの2ラインを基準に価格設定しています。(kyi)

すべての商品から利益を得ようとせず、薄利多売の商品も制作することでお客にお買い求めいただきやすい価格の商品も販売することが可能になります。(Fish Born Chips)

あなたの利益率は？

利益率は「作品1個あたり」で計算します

まとめ買いしたときには、1個あたりの単価を出し、仕入れ値で計算します。

販売価格 A［　　　　］円

仕入れ値はいくら？

［　　］代［　　］円 ＋ ［　　］代［　　］円 ＋ ［　　］代［　　］円

計 B［　　　　］円

利益率

［　　］% ＝ (A［　　］円 − B［　　］円) ／ A［　　］円

やってみました！

この価格設定はどうですか？

ハートのバッジのロゼットブローチ　1,400円

材料費	計400円
リボン	200円
台紙	30円
バッジ	100円
フェルト（裏面）	20円
ほか、安全ピン、糸、ボンド	50円
作業時間	1時間30分

minneで同じような作品の価格を参考にしました。今回は1つつくるだけなので原価や作業時間がかかってしまいました。作業時間を時給に換算すると赤字気味……。この価格でも黒字になるように、量産して効率化を図ることが必要だと思いました。

minneのアドバイス

金額としては妥当だと思いますが、中央部に作家ならではのデザインを入れ、それがニーズに合っていると、オリジナリティーがあり売れる作品になると思います。この価格でも売れる魅力を盛り込みましょう。

プラバンのキラキラヘアピン　300円

素材はすべて安価で大量に手に入るものです。1セット買えば何十本もでき、販売価格は安くても利益率は高いです。安くて可愛いヘアアクセはお店でもたくさん売られているので、そういった商品を好むお客様の目にとまるといいなと思い、購入しやすい価格にしました。

材料費	計33円
プラバン	5円
ヘア金具	20円
フェルト	5円
ネイル用ラメ	1円
マニキュア	1円
ボンド	1円
作業時間	30分

minneのアドバイス

売れるレベルのオリジナリティーを意識しましょう。単価が低い作品は、1点のために送料をかけるのはもったいないと感じるのが消費者心理。色や形のバリエーションを豊富にして「まとめ買い」を狙って低価格帯の作品をたくさん揃えるのもいいでしょう。

本誌編集部員が実際に作品をつくり、価格を設定。果たしてこの価格はOKなのか、NGなのか……。内訳を見てもらいつつminneスタッフにアドバイスをいただきました。

ばらの花びらを閉じ込めたクリアブローチ 1,200円

材料費	計470円
レジン液	400円
ドライフラワー	50円
留め金	20円
作業時間	45分

UVレジンは機器を使うと硬化が速いのですが、今回は太陽光で硬化させました。量産を見越してUV照射機を購入すると、原価を抑えるためにレジンを使った作品ばかりつくらないといけなくなり、作家として本当にそのジャンルで勝負するのか、購入前に検討が必要だと思いました。

minneのアドバイス

やや高いと感じました。技術面の課題は置いておくとして、価格に見合うオリジナリティーは必要。ただ安くすれば売れるというものではないので、価格に見合うデザインを検討しましょう。機器類の初期投資に関する考え方はおっしゃるとおりだと思います。

毛糸のポンポンストラップ 600円

毛糸のポンポンが簡単につくれる機械を1,000円程で購入。ひたすら毛糸を巻いていき、最後にハサミで毛先を整えればよいだけの単純作業です。毛糸は100円ショップで購入でき、1つつくるのにかかる時間は5〜10分程度です。自分だったらいくらで買うかを意識しました。

材料費	計140円
毛糸	100円
たこ糸	10円
ストラップ	30円
作業時間	30分

minneのアドバイス

この価格が妥当かどうか、一度出品してみるという方法があります。いくつか配色をそろえて出品し、ユーザーの反応を見ながら改良を加えます。改良を加えたとき、今までと同じ価格で出品するか、価格設定を上げるかを検討しましょう。

仕入れ値を下げるには？

安くて品質のいいものをまとめ買いすること

46ページでも触れたように、仕入れ値を下げることが「利益率」アップにつながります。一番の方法はたくさんのショップを回って「より安くて品質のいいもの」を探すことです。いくら安くても品質が悪いとクレームにつながるので要注意！　定番商品の材料は、まとめ買いするようにしましょう。一度に多く買うことで、作品１つについての単価がぐっと下がります。また、買いに行く時間と交通費の節約になるのもポイントです。まとめ買いすると「送料無料」になるショップもあるので、上手に利用しましょう。行きつけショップのお得な情報はマメにチェックし、セールでまとめ買いしたり、クーポンを使ったりして賢い買い物を！

人気作家のアドバイス

安定して資材を入手できるように数か所から購入。価格を抑えるため、海外から個人輸入している資材もあります。(Petit*Four)

毛糸の場合は廃番になる(なった)色や種類が安くなっていることがあるので、お店のセールはチェックしています。(MARYK KNITTING)

試作販売で反応を見てから、仕入れの数量を決めています。定番化する商品はあらかじめ材料もまとめ買い。(kyi)

材料は、いろいろ見て価格調査をするようにしています。ブローチピンは、まとめて買うほうが安い！(to-ri)

Column minne READ MORE!

人気作家 御用達ショップ 材料編

お得な通販サイトを利用するのも、上手にやりくりするための秘訣。
パーツやボタン等の大量購入にピッタリな、安くて種類豊富なサイトをご紹介します。

低価格なクラフトパーツ屋さん

手芸パーツ通販 クラフトパーツ屋

ナスカン、スナップボタン、ファスナー、キーホルダー等の手芸に必要な商品を、高品質、低価格で豊富に取り扱っています。1,000円以上の購入で宅配送料無料になるのもうれしい。

URL : http://www.rakuten.co.jp/auc-craftparts/
TEL : 072-922-4595

老舗の画材屋さんの通販サイト

世界堂

歴史ある画材販売『世界堂』の通販サイト。実店舗と同じように豊富な品揃えで、良質な商品を低価格で販売。HPに掲載中の一部商品の割引やお得な「ポイントサービス」もあります。

URL : http://webshop.sekaido.co.jp/
TEL : 03-5368-1288

アクセサリーパーツといえばここ

貴和製作所

アクセサリーパーツの専門店。個人でもスワロフスキー、クリスタル、天然石などのビーズ類や、アクセサリー金具、チェーンなどアクセサリーをつくるときに必要な素材を大量購入できます。

URL : http://www.kiwaseisakujo.jp
TEL : 03-3863-5111

歴史ある手づくりホビー材料専門店!

ユザワヤ楽天市場店

全国に64店舗を展開する、創業61年のホビークラフト大型専門店『ユザワヤ』の通販サイト。ハンドメイドに必要な材料や道具が約2万5,000点。セールも頻繁に開催するので要チェックです!

URL : http://www.rakuten.co.jp/yuzawaya/
TEL : 0282-67-2121

初心者にうれしい情報がいっぱい

パーツクラブ・オンライン

ビーズを中心に豊富な商品を取り揃えたアクセサリーパーツの専門店。さまざまなアクセサリーのレシピ紹介や作業に便利なオリジナルキットの販売があり、初心者の方におすすめ。

URL : http://www.partsclub.jp/

取り扱い商品3万点! 手芸材料の専門店

つくる楽しみ.com

パッチワーク・手芸材料の取り扱い商品が約3万点の通販サイト。15時までに注文すれば、最短で当日発送が可能。毎週金曜日に更新される週間セール、年5回の特大セールがとてもお得!

URL : http://www.tukurutanosimi.com/
TEL : 06-6271-3300

＼人気作家インタビュー／

“価格”についてどう考えていますか？

andcompany ｜アンドカンパニー｜ 坂 昭代さん

価格設定は相手の立場に立って考えてみるのが大切

価格設定は、その作品がお店で売っていたとして自分が欲しいかと、買える値段かを考え基準にしてます。例えば、小さいバッグで身軽に出かけたいときに便利なコンパクト財布があるとして、メインで使うには容量が少ないので、サブ使いになります。そのサブのお財布が1万円ですって言われたら買うのを考えますよね。だから私の場合、雑貨感覚で買っていただけると思う5,000円前後にしてます。その価格だと、コスト面では材料費をケチらずにすみます。また、裁縫や組み立てを効率よくする工夫を考えて商品コストを下げるような努力もしています。もしこれから作品を販売していくのでしたら、自分がどのぐらい手間ひまをかけたかで価格を決めるのではなく、この作品がお店で売っていたらどう思うか、相手の目線に立つと決めやすいかなと思います。

PROFILE

作家歴：1年半／作家をはじめたきっかけ：革なめし職人さんと知り合う機会があり、魅力的な革を生かし何かできないかと思いはじめました／出品ジャンル：革小物

(右)ハンドバッグみたいなコンパクト財布
6,500円
(左)身軽にキメたいときのコンパクト財布
各4,900円～

(右)価格設定を悩んだ作品。最初高いかなと思いましたがチェーンを着脱可能にして使い勝手を追求しました。(左)サブとして便利なコンパクト財布は、機能を絞ることでこの価格に。必要最低限の機能で便利な本革財布に仕上がっています。

「パーティー会場でごあいさつ」的な名刺入れ
各3,500円

ブランド物よりは買いやすく、雑貨屋さんよりはしっかりしたタイプの名刺入れ。価格もそれらの中間をねらって設定しました。国産の牛革を使用しているのできちんとした印象に。ピンク以外の色もあります。

クラッチバッグ型バッグチャーム
各2,100円

手のひらサイズのチャームです。小さいので、実はとても手間と時間がかかってしまう作品。だから先にチェーンだけたくさんつくっておいて、あとでパーツだけを組み合わせられるように効率も考えて制作しています。

手のひらサイズのネコ型キーケース
2,000円

気軽に持てて、かさばらないキーケースにしたかったので手ごろな価格に。カギが2個だけ入るコンパクトサイズで金具をネコの目に見立てたり、開閉ボタン部分をしっぽにしたりとデザインのユニークさもポイントです。

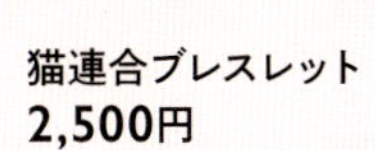

猫連合ブレスレット
2,500円

牛革の猫パーツと本金メッキスタッズという本物志向の素材で制作しているブレスレット。だから安すぎず高すぎずという設定にしました。遠目から見るとラグジュアリーな印象になるので大人カジュアルなスタイルにぴったり。

| まるさんかくしかく |

岩渕加奈代さん

完成した作品を友だちに見せて、価格の参考に

販売を始めたころは、プラバンが流行っていて、プラバン自体が安く手に入るのでそんなに高く設定してはいけないかなと思い、1,000円以下でスタートしました。売れるかわからない不安もあって、制作時間を無視した金額設定だったんです。それからずっと続けていくうちに、いろんなお店の方から委託販売をしませんかと声をかけていただけるようになりました。しかし、今までの価格設定で委託をしてしまうと、原価ぎりぎりで正直続けていくのは厳しかったので、価格を見直しました。これからはじめる方も最初は不安かと思います。ただこのままでは無理だと思えば価格を上げてしまってもいいと思いますよ。私の場合は完成した作品を友だちに客観的に評価してもらい、価格設定の参考にしています。きっと自分だけではわからなくなったりしてしまうので、友だちなどに聞くのも手だと思います。

PROFILE

作家歴：2年／作家をはじめたきっかけ：育児のリフレッシュ／兼業／出品ジャンル：ハンドメイドアクセサリー

Instagram ID :
@mss_kanayo

kukka/オハナピアス
各1,500円

プラバンなので1,000円台に抑えたいなと思ったのと、委託したときに利益が出るのかなどを考慮した結果の価格です。結構作業工程が多く、時間もかかるのですが、なるべくお手ごろな値段にしたいと思っています。

(上)まるさんかくしかくのピアスセット
2,100円
(下・黒)kakukakuイヤリングA
1,750円
(下・緑)kakukakuピアスA
1,700円

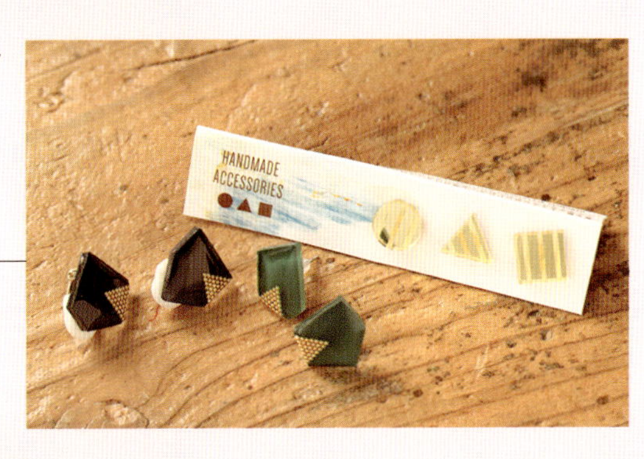

このピアスセットは、自分でつくったデータを元に工場でカットしてもらっているので少々原価がかかり、この価格に。イヤリングとピアスでは留め具が違うので、同じデザインでも価格が違います。

キランと。オハナヘアゴム
1,500円

ゴムが切れてしまってもまた使えるように、簡単にゴムをつけ替えられるパーツを探してつけました。だから同じデザインで100円安いブローチもありますが、パーツ代が高いのでこの価格にしています。

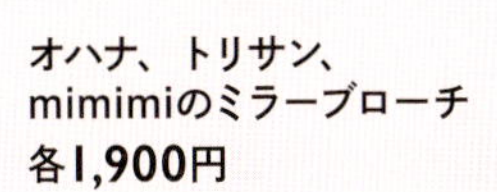

オハナ、トリサン、
mimimiのミラーブローチ
各1,900円

ミラータイプのアクセは、アクリル板を使ったものなんですが、知り合いの工場でカットしてもらったりとちょっと大掛かり。だからプラバンよりは原価がかかってしまうので、少し高めの価格設定になります。

価格のしくじり体験談

人気作家のみなさんも、最初のころは価格設定で失敗した方も多いようです。
陥りがちなポイントを知っておきましょう。

販売した当初は、価格設定が分からず、**安ければ安いほどよい**と考えていました。しかし、創作活動とそれ以外の時間のバランスがとれなくなってしまい、それから余裕をもって制作できる価格を時間をかけて探りました。（noa noa）

はじめたばかりのころ、**人件費はゼロ円で価格設定していましたが**、試作やミスなどもあるのですぐに赤字になると気づきました。（kyi）

作品相場を調べ値段を設定したつもりでしたが、販売開始後に、**制作時間などを考えず少々安めに設定していた**と気づき、その後値上げをする結果になってしまいました。（nanacoma）

自分の作品に対し自信がなく安めに設定してしまい、途中でもう少し値上げをしたいなと思ったときに失敗したなと感じました。（amiko）

オーダーメイドの価格帯を低くしすぎて、オーダーメイド以外の作品との差別化ができなくなりました。（匿名）

はじめた当初は、原価のことしか考えずに価格設定をしていたため、作業時間に対して利益が低すぎるものが多かったです。そこから何度か見直しをして、今は全体的に100〜200円アップしています。（pochicraft）

ある作品が**販売開始後に、原材料の価格が上がってしまった**のですが、ヒット商品のため価格を上げることができませんでした。（匿名）

LESSON

3

HOW TO WRITE SENTENCE

ファンを増やす

丁寧な文章術

出品者がサイト上につづる説明や問い合わせへの対応が、
実店舗で言うところの接客態度。
スムーズで気持ちのいいコミュニケーションを心掛けましょう。

大事なのは丁寧さと誠実さ

ユーザーとのコミュニケーションは、プロフィール欄からはじまっています

作品に興味をもったユーザーは、作品説明、プロフィールやレビューなどから、どんな作家かを想像します。作品が魅力的であることはもちろんですが、それ以上に重視しているのは、作家が最後まで丁寧に対応してくれるかどうかです。作品説明やプロフィール欄が不十分だと取り引きに不安を感じ、購入を見送ってしまうかもしれませんし、仮に不良などのトラブルがあったとしても、その後、誠意ある対応がなされたとわかるレビューがあれば、ユーザーは安心して購入に踏み切れるのです。忙しくてレビューに返信できないなら、それに対するお詫びがひと言掲載されているだけでも安心できるもの。出品者は、作家であると同時に個人商店の店主です。説明や対応は、誠実、丁寧を心掛けましょう。

POINT

1 伝えるべき情報は要点を押さえて簡潔に

作品やギャラリーについての説明、お問い合わせへの返信などは、長々と語るべきではありません。相手が知りたい情報を簡潔にまとめましょう。ただしそっけなくならないよう、丁寧さは意識して。

2 丁寧さと親しみを感じる文体で

丁寧な言葉を意識しすぎるあまり堅苦しくなりすぎても印象はよくありません。語尾に少しだけ口語的な表現を加えるなど、丁寧な言葉遣いの中にも親しみやすい文体を心掛けましょう。

3 個人的な事情が共感を呼ぶことも

minneは、コミュニティサイトとしての側面もあるため、作家の個人的な事情を公開することで、共感を呼んだり好感度が上がったりすることがあります。出産が近い、1人で活動している、会社員であるなどの事情がユーザーにとって安心できる情報となり、納期や対応遅れに対して不安や疑問を抱かれづらくなります。

ギャラリー紹介、自己紹介の考え方

要素を区分けして見やすくまとめます

ギャラリー紹介、自己紹介に、煩雑な文章をつづると、ユーザーに言いたいことが伝わりません。ギャラリー紹介にはブランドのコンセプトやこだわりについて、自己紹介にはこれまでの作家としての活動歴など、それぞれに書くべき内容があります。書くべき内容のすみ分けをしっかり行い、テーマごとに文章を簡潔にまとめることが大事です。下記の基本の文章構造を参考にまとめてみましょう。

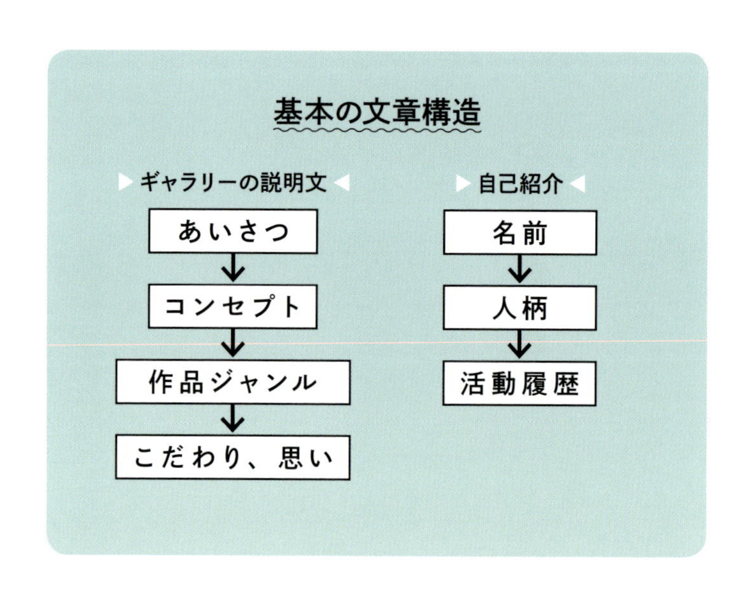

紹介文ひとつで
印象は大きく変わります

上手な文章は具体性があり、内容をスムーズに理解できますが、わかりにくい文章はテーマと内容が合っていなかったり、内容が重複していたりと、言わんとしていることが読みとれません。下記のOKの例は、ブランドの魅力や思いを簡潔に表現していますが、NGの例はどんな作品を得意としているのかすら読みとれないうえ、自己紹介にも同じような内容が記載されています。また、やたらと詩的な文章も、読む側の心理を考えるとあまりおすすめできません。

NG

◎ ギャラリー「売り方工房」の紹介

好きな色
好きな形
好きな手触り
日常をちょっと楽しく
手にしてくれた人を笑顔に
そんな気持ちで制作しています。

◎ 売り方工房の自己紹介

手にしてくれた人を
笑顔にしたいという気持ちで
作家活動を始めました。

OK

◎ ギャラリー「buchi」の紹介

はじめまして。
buchiをご覧いただき
誠にありがとうございます。

「糸に魔法を」をコンセプトに、
独自の技法で刺繍糸を固めた
アクセサリーを制作しています。
糸の繊細で優しい雰囲気を大切に／
刺繍糸のカラーバリエーションを
活かした色遊びがテーマ。
他には無い素材感と、無数の色の
組み合わせをお楽しみ下さい。
「日常にちょっぴり彩りを
添えられますように。」
といった想いを込めながら一つ一つ
丁寧な手仕事を心がけています。

人気作家に学ぶ

好感のもてるギャラリー紹介・自己紹介

プロフィール欄に掲載する「ギャラリーの紹介」と「自己紹介」は、はじめてあなたの作品を購入しようと思った人が必ず目を通す箇所。どんな内容をどんな言葉でつづると、ユーザーが安心して購入しようと思えるのでしょうか。人気作家のギャラリーページを例に学びましょう。

CASE 1

ギャラリー「BUCHI'S GALLERY」

ギャラリーの紹介文

はじめまして。 buchiをご覧いただき誠にありがとうございます。

「糸に魔法を」をコンセプトに、
独自の技法で刺繍糸を固めたアクセサリーを制作しています。
糸の繊細で優しい雰囲気を大切に／
刺繍糸のカラーバリエーションを活かした色遊びがテーマ。
他には無い素材感と、無数の色の組み合わせをお楽しみ下さい。
「日常にちょっぴり彩りを添えられますように。」
といった想いを込めながら一つ一つ丁寧な手仕事を心がけています。

模範的な文章構造

あいさつ、お礼、コンセプト、作品ジャンル、こだわり、思いを、順序立てて説明しています。初心者でも、参考にしやすい文例。

自己紹介文

マエダ　サキ
1987年生まれ、三重出身、名古屋在住
好きなものは、白米

::: 活動履歴 :::
2013.4 "buchi"として活動開始
2013.10 minne シナプス店　参加
2013.12 クリエイターズマーケット vol.29 参加

自己紹介はシンプルに

ギャラリーの紹介と自己紹介に同じような内容を記載するとむだに文章が長くなります。特別な意味がある場合を除いては重複は避けましょう。自己紹介は、文例のように箇条書きでまとめる技法も分かりやすくていいでしょう。

CASE 2 ギャラリー「モノサーカス」

ギャラリーの紹介文

モノサーカスとは、明日の新たな日常生活に
息吹を吹き込むために、ユニークな"もの"たちを
集めている広場（サーカス）です。

個性的でオリジナルなものを常に作り出していながら、
いろんなところで活動されている
作家さんが作ったものもセレクトして集めています。

モノサーカスでは、3Dプリント技術を利用した
小さなアート作品としてのアクセサリーなどの
身につけるものや日用品のような小さなものを中心に、
家具やアートインスタレーション、パブリックアートなど
大きなものまで、企画、提案、製作を行います。

ギャラリー名の由来
思いやコンセプトをもとにギャラリー名を考えている場合は、その由来を説明することからはじまると、方向性やポリシーのようなものが伝わり印象に残ります。

制作品目や得意なジャンル
例えば「得意な刺しゅうだけに特化して作品を展開している」とあれば、刺しゅうの技術力の高さを想像できます。「木を使った作品にこだわり、小さな雑貨から大きな家具までつくる」とあれば、大きな工房をイメージできます。一見、購入には直接結びつかないと思うような記述からも、ユーザーはいろいろと読みとろうとします。

自己紹介文

モノサーカスを結成したのは
カズ と シン、夫婦のチームです。
カズはデザイナーで一級建築士の日本人で、
シンはシンガポール人のアーティストです。
自宅の一部屋をアトリエにして、
二人の小さな男の子を育児していながら
ユニークで個性的でオリジナルなものを
常に作り出していながら、
モノサーカスを動かしています。

信頼感を高める本業の情報
本業がminneで販売している作品と関連がある場合、作品の価値や信頼を高めることにつながります。

共感を呼ぶプライベートな情報
「ふたりの男の子の育児をしながら」といったプライベートな情報を公開することで、ユーザーから共感されたり応援されたりすることがあるそうです。minneサイトでは、積極的に掲載すべき情報です。

CASE 3

OTO OTO

ギャラリー「OTO OTO（オトオト）」

ギャラリーの紹介文

OTO OTO(オトオト)では、子どもの頃に作った
折り紙の輪っかをテーマにアクセサリーを作っています。
小さい時、わくわくしながらしながら作った
折り紙のネックレスやお部屋の飾り。
* そんなわくわくした気持ちを
大人になっても身につけていられますように *
そんな思いを込めて作品作りを始めました。
お洋服や帽子に ゆらっとした輪っかのアクセントを♡

ギャラリー名の由来や作品に込めた想いの説明
プロフィール欄の最初に表示される部分に、このくらいの分量で簡潔にまとめましょう。

自己紹介文

OTO OTO(オトオト)のhoiと申します。
以前、文房具に携わる仕事をしていたことから
文房具にはとても敏感です。 折紙の輪っかをヒントに
このOTO OTOアクセサリーを作ろうと思ったのも
そんなきっかけからだと思います。

www.facebook.com/otooto.accessories
instagram @otooto.hoi
twitter @otooto_hoi

作家の人物像を想像できる情報
手掛けている作品と前職にリンクする箇所がある場合は、積極的に掲載しましょう。文具が好きなことと、折り紙でつくる輪っかをモチーフにして作品をつくっていることは、ごく自然な流れとして受け入れられます。

SNS情報をまとめる
minne以外でも情報発信をしている人は、プロフィール欄にアカウント情報を記載するとファンがつきやすくなります。

お客への告知文

ギャラリーページは告知を出す際にも役立ちます。特に緊急性や重要度の高い告知に関しては、ギャラリーのトップに置くことで、注目されやすくなるでしょう。ただし、あまりにもネガティブな「おことわり」などはギャラリーのイメージを損なうことにもつながるので注意を。

◆販売方法についてのお知らせ◆
sold outとなっている商品につきましては
ご注文を随時受け付けております。
ご希望の方はまずメッセージをお願いいたします。
メッセージをいただけた方にのみminneより
ご注文いただけるよう対応させていただきます。
(2015.9.20)

ギャラリー「BF-ako's GALLERY」

ギャラリーの紹介文

ご縁あって　ここにお越し下さり、ありがとうございます。
たくさんのご注文を頂き心から感謝しています。
商品の製作、発送作業は一つ一つ丁寧に行っております。
お届けにお時間がかかることがございますが、
ご理解の程よろしくお願い致します。

特に10月から３月は、アイロンネームラベルの受注が
集中するため、はんこの販売はストップさせて
頂くことがございます。その場合は売り切れと
させて頂きますので、販売中のものは通常通り販売しております。
年賀状用のスタンプは早めにお求め下さい(o´－`o)

【はんこにまつわるプロフィール】
ＮＨＫ「すてきにハンドメイド」講師として出演
著者本「消しゴムはんこで自分時間」浜野　厚子　ブティック社より発売中
その他多数図案集参加
イオンモール草津ＩＮＯＢＵＮにて「消しゴムはんこ作家　浜野　厚子　作品展」開催
ＳＥＥＤ第一回「作家コラボ彫るナビ　浜野　厚子バージョン」プロデュース
著者本「消しゴムはんこで自分時間」浜野　厚子【中国語版】発売
シンガポールにてワークショップ開催
「はんど＆はあと」2014年2月号KITスタンプ監修
2014年　毎日放送「ココイロ」出演

注意やお知らせを記載
ギャラリーの特徴と同時に、利用にあたっての注意点も盛り込めて合理的。ただし、注意事項を羅列すると、冷たい印象をもたれることもあるので、口語を混ぜたり顔文字を使ったりして、やわらかさを意識しましょう。

活動履歴を簡潔にまとめる
活動歴が長くなり情報が増えたら、ある程度厳選した情報だけを箇条書きでまとめると、読みやすくなります。

自己紹介文

滋賀県で3兄弟の育児をしながら自宅アトリエで
消しゴムはんこやアイロンネームラベルの受注、
スタンプの製作、販売をしています。
手に取って下さった方が暮らしの中にほんの少ぉし、
ふんわり顔がほころぶような作品作りを目指しています。

作家の制作背景が垣間見える内容
活動履歴に講師や書籍といった玄人っぽい情報が多い人ほど、自己紹介には居住地、育児の合間の活動であることや、自宅アトリエで制作しているといったパーソナル情報を。親近感が増し好印象に。

作品説明の考え方

写真ではわからない情報をきちんと伝えましょう

素材やデザインの特徴、サイズ、使用目的といった作品そのものの説明のほか、到着予定や取扱説明などの注意事項など、記載しなければならないことはたくさんあります。また、制作していて難しかったところ、工夫を施したところなどのエピソードや、新作、定番、限定品など、ユーザーを振り向かせる情報もさりげなく加えたいところです。一番長くなる部分なので、見出しを立てて項目ごとに簡潔にまとめましょう。

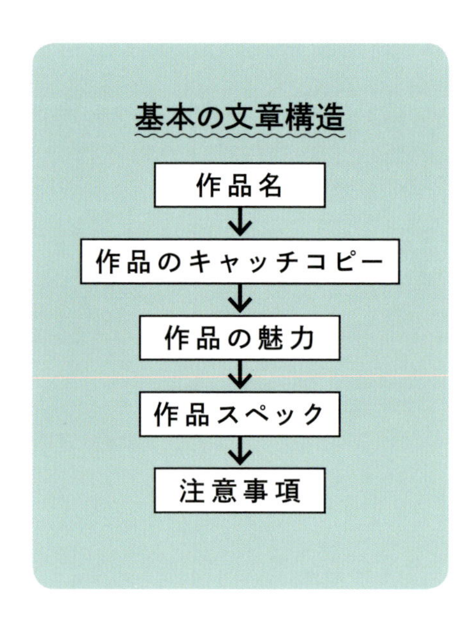

説明文で魅力を伝える3つのポイント

魅力を上手に伝えている作品説明には
共通点がありました。次の3つのポイントに
気をつけてみましょう。

1 リアルな使用感を盛り込む

作家自身が実際に使ってみた感想を盛り込んでみましょう。一般的な通販サイトでは主観での評価を避けますが、説明に信ぴょう性が増します。

2 スペックを詳しく掲載する

サイズや素材は詳細に記載します。素材は、本体部分だけでなく、細部に使っている部品の素材も漏れなく記載するとよいでしょう。

3 魅力になるエピソードを盛り込む

制作時のこだわりや工夫は、作品が丁寧につくられた印象を与えます。生活の中から生まれた作品のアイデアは共感を呼びます。上手に盛り込みましょう。

人気作家に学ぶ

購入意欲をそそる作品説明のコツ

素材、サイズ、取り扱いの注意、金額などのスペックは当然記載すべき情報ですが、作品説明が上手な作家は、スペック以外の情報やエピソードを上手に盛り込んでいます。シーンをイメージできる一文や、楽しさ、心地よさなど、その作品を手にしたときの気分が伝わってくるような一文を添えて、買いたくなる作品説明を目指しましょう。

CASE I ギャラリー「mountain*tree's art works」

☆再販☆ Pinbadge No.006[アイスキャンディー]

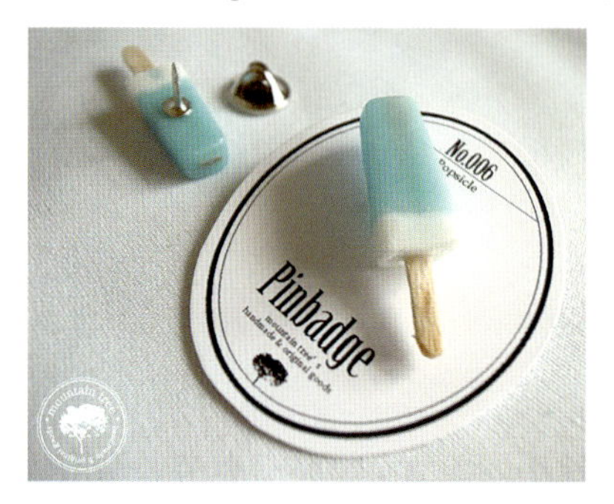

―――――――――――――――――――――――――――――――

【新作のため、お一人様につき1点のみのご購入とさせていただきます】

―――――――――――――――――――――――――――――――

ピンバッジ・シリーズに夏らしいモチーフが仲間入り！
ソーダ味のアイスキャンディーは 真夏の青空を思い出させてくれる
爽やかなブルーがポイントです。大人から子どもまで
みんなが大好きなソーダ味のアイスキャンディーを身につけて
これからの猛暑に負けないよう
気分を少しでも涼やかにしてみませんか？

作品の楽しさを伝える

作品から連想できることをもとに、楽しくなる文章で作品を紹介しています。制作中の苦労話やこだわったところ、工夫したところなどを盛り込むのもいいですね。

ちなみに。

「アイスキャンディー」というのは和製英語らしく、
正式には「Popsicle」というそうです＊

●材質：レジン、木材

◎購入の際の注意点

※市販品に比べて強度は劣ります。 質感を重視して作っているため、繊細な作りの部分が多々あります。 お取り扱いの際にはお気をつけてご使用されますようお願い申し上げます。
※気持ちよい取引のためにご協力ください。 手作り品ならではの味わいを理解していただいた上で ノークレーム・ノーリターンでのご購入をお願いいたします。（ごめんなさいっ！！ホコリ・指紋跡等､気になられる方はご遠慮願います）
※小さなお子様のいらっしゃる方は 誤って食べたり、口に入れないようご注意ください。
※発送の目安は「5日」となっておりますが、多少前後することもありますのでご了承ください。
※発送の際、梱包には気をつけておりますが 稀に配送中に破損してしまう場合があるようです。 大変申し訳ございませんが発送後の破損については 責任を持つことができませんのでご了承くださいますようお願いいたします。（現在、梱包方法も見直しており、安心してお買い物していただけるよう努めていきたいと思います）

文章も遊び心でアレンジ

作品とは直接関係のないエピソードですが、これもまた、作家に対しての想像をかき立てる材料の1つになります。文が長くなりすぎては逆効果ですが、適度に遊び心を感じられるといいですね。

口語で堅苦しさをやわらげる

注意文をまとめると、どうしても堅苦しさや厳しさを感じてしまいますが、このように合間に口語を入れてやわらげると印象が変わります。

CASE 2 ギャラリー「Bonne Chance」

【人気作品賞受賞】串だんご＊コットンパールブレスレット

「MINNEアワード2014☆人気作品賞」授賞

繊細な2連のブレスレットです。
1つのチェーンには、6ミリのキスカ色
(ナチュラルなクリーム色)コットンパールを3つ通し、
もう1つのチェーンには2センチのパイプを通しました。

全長は16センチと、少し短かめにしました。
短かめにすることにより、手首に留まりやすく、
華奢で綺麗な手首を演出いたします。

コットンパールとパイプは固定していません。
パイプはスルスルと動きます。

シンプルなデザインなので最後の写真のように、
他のブレスレットとの重ね付けもおすすめです。
女子会や結婚式パーティー、カジュアルでも
お仕事でもお使いいただけると思います。

金具素材：金メッキ
(空気や水分塩分に触れない保管をおすすめします。)

サイズ感についての説明
16cmの長さがブレスレットの中では短めであることや、短めに仕上げたことの狙いなどを説明しています。ただサイズを記載するよりもサイズ感を想像できます。

写真でわからない箇所の説明
前半の構造の説明に加えて、写真では分からないちょっとした説明です。デザインや使用感に関わらないことでも、丁寧に説明をしているという印象が残ります。

コーディネートやシーンの提案
ほかのブレスレットとの重ねづけを提案したり、パーティーシーンでの着用にも言及したり……。いろいろな使い方を提案して、お得感をアピール。

素材と保管時の注意
素材特有の注意事項を記載。ほか、アクセサリー全般に言える注意事項や注文時のお願いなどは、後半にまとめて記載しています。

☆長さ変更承ります。
秋冬の装いの上にお着けされる場合など、少し長めをご希望される方は、備考欄に17センチ、18センチ、など、1センチ単位でご希望の長さをご記入お願いいたします。
★プレゼントにご利用の方は、ご遠慮なく備考欄に「プレゼント用」とご記入お願い致します。
☆備考欄へご記入いただいたことに対してお返事しないことが多く申し訳ありませんが、サイズ変更やプレゼント用など、必ず読ませていただき対応しております。

◎購入の際の注意点
《お届け先について》
番地の記入の無い方が多数いらっしゃいます。ご注文時にご確認お願い致します。
《お問い合わせについて》
ご注文確定後のお問い合わせの際にはご注文IDをご記入いただけると助かります。 お名前からご注文品を探すには時間を要し、お返事をお待たせしてしまうことがありますので、どうぞ宜しくお願い致します。

注文時や問い合わせ時のお願い

むだな手間や余計な作業をなるべく減らすために記載するお願い事項。細かいことなのですが、丁寧な言葉遣いなのでいやな感じがしません。

～◆～◆～◆～

◇作品は丁寧に作成していますが、手作りの為、多少の歪みなどがある場合がございます。また既製品よりもデリケートに出来ています。心配な方はご購入をお控えくださいますよう宜しくお願い致します。
◇金属アレルギーの方はご利用をお控えください。
◇発送は出来るだけ迅速に努めます。。が、土日.祝日を挟むと少し日数がかかることをご了承ください。
◇送料について・・・梱包の厚みにより増減することがありますが、追加請求や返金は致しませんことをご了承ください。
◇発送手続きは責任を持って行っていますが、その後の紛失などはこちらでは責任を負えず、発送品の追跡捜査や再発送などは致しませんことをご了承ください。心配な方はレターパックをご指定ください。

注意事項を最後にまとめる

クレームを回避するため、あらかじめ記載しておかなければならない注意事項は意外と多いもの。説明の前半にあると購入意欲が削がれてしまうので後半にまとめるといいでしょう。

問い合わせへのスムーズな対応

出品中の作品に興味をもって質問を送ったユーザーは、質問への返信が遅いと「まだかな?」「見てるのかな?」と不審に感じてしまい、印象が悪くなってしまいます。問い合わせへの対応は早めにすませましょう。またよくある質問は作品やギャラリーの紹介欄に記載しておくことで、余計な手間を減らすことができます。

こんな文例を保存しておきましょう

こんにちは。
「売り方工房」の佐藤と申します。
この度は「コロコロピアス」について
お問い合わせいただきありがとうございました。
さっそくですが、回答をご返信させていただきます。

1、オーダーについて
・
・
・
・
2、納期について
・
・
・
・
以上です。

上記内容についてご検討いただき、
また疑問点などあれば、いつでもご連絡ください。
なお、土日祝日はメール対応業務を休んでおりますので、
ご了承ください。ではどうぞよろしくお願いします。

あいさつ、名前、お礼

まずは基本的なメールの作法として、あいさつ、名前、そして問い合わせをいただいたことへのお礼を述べましょう。何度かお問い合わせをいただいている方なら「はじめまして」ではなく「こんにちは」「お世話になります」などでいいでしょう。

複数の質問は項目立てて

メールに慣れないと、つい会話をするようにだらだらと打ってしまいますが、用件が複数のときは項目ごとにまとめたほうがいいでしょう。

追加の質問が送りやすいひと言を

購入を検討しているユーザーには、返信の内容を見たことで新たな疑問を持つことがあります。こんなひと言があると安心して質問できます。

返信の頻度を明記する

いつ返事が来るのかがわからないと不信感を抱かせてしまいますが、次の返信がいつごろになるのかがわかれば、ユーザーも安心して待つことができます。特に、毎日メールチェックができない場合は必ず明記しましょう。

よく寄せられる質問や制作体制の裏事情などはプロフィール欄や作品説明に掲載しておきましょう

よく寄せられる質問を掲載しておけば、個別の問い合わせに対応する手間が減ります。また、やむを得ない事情で起こることも、先に事情を公開しておくことで、クレームに発展させないことができます。

文例

無料でギフトラッピングを承ります。贈り物を検討されている方は、ご注文時にその旨、備考欄よりお知らせください。

ギフトラッピングについて

minneの作品を贈り物にしようと思うユーザーはとっても多いので、ラッピングについての記載がないと、問い合わせのたびに対応しなければなりません。ギフトラッピング対応の有無や料金、注文方法を記載するといいでしょう。

通園グッズの注文が集中する1月～4月は、その他の商品のオーダーをストップすることがあります。「売り切れ」の商品の受注開始は、4月以降となりますのでご了承ください。

繁忙期のお知らせ

子ども用のネームタグや通園セットを扱う作家なら、年明けから3月が繁忙期となるため、それ以外の作品の注文を受け付けないという措置を取る場合も。また出産、引っ越し等の個人的な事情のために短期間お休みされるというインフォメーションも見かけます。

作品はすべて受注後、制作しています。入金確認から10日前後でのお届けを目安としておりますが、オーダーが集中しますと、もう少しお時間をいただく場合もあります。丹念に制作をしておりますので、何卒ご容赦くださいますようお願い申し上げます。

納期の目安

目安の納期から多少遅れることがあると知らせておくことで気長に待ってもらえます。恒例の繁忙期や、引っ越し、出産などの特別な事情があるときは、あえて事情を公開することで、寛容な気持ちをもってもらえたり、応援してもらえることもあるようです。

定形外郵便は、作品や梱包材の重量の個体差により、お伝えしていた送料に差額が生じる場合がございます。過不足額について、追徴・返金はいたしません。あらかじめご了承ください。

送料の誤差

定形外郵便の送料は重さによって変わります。事前に測定して伝えた送料と、窓口に持ち込んで測定した送料に誤差が発生することが多々あります。わずかな差額を返金するために現金書留や銀行振込の手数料を支払うのは現実的ではありませんので事前にお知らせしておくといいでしょう。

レビューへの返信で心をつかむ

販売歴が浅いうちはレビューにできるだけ返信しましょう。心をつかむ返信をすれば、購入してくれた人がリピーターになる確率を高めるだけでなく、購入を迷っている人に買ってみようと思わせることができます。

汎用的なレビューの返信例

レビューのご投稿ありがとうございました。作品を気に入っていただけたようで、嬉しく思います。またのご利用お待ち申し上げております。

嬉しいお言葉、ありがとうございます。励みになります。今後ともよろしくお願いいたします。

到着のご連絡ありがとうございます。●●がポイントの作品です。●●さまに気に入っていただけたら幸いです。

アクセサリー、衣類など身につけるものの場合は「合わせやすいので私も愛用している色なんですよ」などのように作家の主観を交えながら言葉をアレンジすると◎。

プレゼントでの利用に対する返信例

大切な方への贈り物に当方の作品をお選びいただき、大変光栄です。

今後も、心を込めた作品を少しずつ増やしてまいりますので、また贈り物に選んでいただけるとうれしいです。

贈り物としてのご用命は作家冥利に尽きるもの。多少大げさになっても構わないので、その喜びを素直に表現しましょう。

色や柄を選べるセミオーダー品の場合

とっても素敵な配色で、作っていてわくわくしました。

私には考えつかない意外な組み合わせだったので、できあがりはとても新鮮でした。

上から目線にならないようにほめましょう。お客のチョイスを否定するのは絶対にダメです。

2度目の購入の方に対する返信例

前回に引き続き、ご購入いただきありがとうございました。その際にお買い上げいただいた●●●●は、変わらずご活用いただいていますでしょうか。今回ご購入いただいた▲▲▲とともに、末永く可愛がっていただけると幸いです。

初めての購入か、2度目以上かは、出品者にわかるように表示されます。購入者側が複数回購入していることを申し出なくとも出品者が気づいてくれるのはうれしいこと。積極的にお礼をしましょう。

クレーム未満の不備報告に対する返信例

この度は、連絡の遅れから不安な思いをさせてしまい申し訳ございません。今後は、メールチェックの頻度について、あらかじめお知らせし、安心してお取引いただけるよう改善してまいりたいと存じます。貴重なご意見ありがとうございました。

不備についてのご指摘ありがとうございます。また、今回はお客さまが修理してくださるとのこと、重ね重ねありがとうございます。お言葉に甘えさせていただきます。発送前の検品には万全を期しているつもりでおりましたが、今後は一層注意深く確認し、このようなことがないように努めてまいります。これに懲りず今後ともよろしくお願い申し上げます。

ひとこと言っておきたいというユーザーからの忠告をスルーしてしまうと、その人以上にそれを見たほかの購入検討者が不安を感じます。必ず、お詫びとお礼を返信しましょう。

レビューへの返信が負担になってきたら…

作品の注文が増え、レビューに返信する時間が取れなくなると、今まで返信をしていたのに申し訳ない気持ちになってしまいますよね。作品制作やプライベートの時間を削ってまでレビューに返信するのは本末転倒なので、プロフィール欄にひとこと、お詫びの文章を載せておきましょう。

文例

現在、レビューへの返信は差し控えさせていただいておりますが、みなさまからのレビューにはすべて目を通しています！　お1人おひとりにご返信を差し上げられず心苦しく感じておりますが、作品の制作を優先させているためとご理解いただければ幸いです。

クレーム、返品、交換、修理の対応

個人間取り引きにおいて、避けて通れないのはクレームや返品、交換への対応。起こってからで遅くはありませんが、必ず起こることとして事前に取り決めておいたほうがいいでしょう。一般的なクレームと対処法は次の通りです。

初回の対応例　状況の把握に努める

●●●さま
お世話になっております。売り方工房の佐藤です。この度はお買い上げいただいた作品が破損してしまったとのメールをいただき、急ぎご連絡させていただきました。恐れ入りますが、作品の状態がわかる写真と、壊れたときの状況の説明をご返信ください。内容を拝見し、今後の対応について検討させていただきたく思います。お手数をお掛けいたしますが、どうぞよろしくお願いいたします。

まずは状況の把握に努めるために、写真と説明を求めます。

交換に応じる場合の対応例　購入者に落ち度がないとき

お世話になっております。売り方工房の佐藤です。写真と説明のご返信ありがとうございました。通常の扱い方での破損のため、交換での対応とさせていただきます。至急、代品を送りますので、お手数ですがお手元の商品を着払いでご返送ください。どうぞよろしくお願いいたします。

代品、修理品の発送終了後の返信例

お世話になっております。売り方工房の佐藤です。破損品の代品を発送させていただきましたが、お手元に届きましたでしょうか。この度は、ご購入後すぐの破損ということでお手数をお掛けし申し訳ありませんでした。発送前の検品には万全を期しているつもりでおりましたが、今後は一層注意深く確認し、このようなことがないよう努めてまいります。これに懲りず今後ともよろしくお願いします。

交換の送料は出品者もちになるケースが多いので、破損した商品の状態を写真で確認し、そのまま購入者に破棄してもらうパターンもあるようです。また、受注作品の場合は、制作に時間がかかるので、返品してもらい、修理して再発送するのが一般的です。

交換に応じない場合の対応例 購入者の不注意や無理な要望のとき

お世話になっております。売り方工房の佐藤です。

お問い合わせの件は、ご購入いただいてから
半年以上経過しているため、誠に恐縮ですが交換いたしかねます。
修理での対応は無償で行いますが、
往復の送料はお客様負担となります。

写真を見る限り、簡単な手順で直りそうなので
お客様に修理していただくことをおすすめします。
どちらになさるか、ご返信お願いいたします。

常識的に考えて出品者の責任を越えていると判断できる場合、交換には応じられない旨を丁寧に説明しましょう。このメールに対して了承してくれれば、その後、数回のやりとりを経て無事対応終了となります。万が一、了承しない購入者の場合、毅然とした態度でお断りをするか、返品に応じることで事態を収束させるかは、出品者によって異なります。利用規約にもある通り、個人の責任において対応方法を検討しなければなりません。

こんなときどうする?

Q. レビューにクレームが投稿された! 交換を希望されてはいないけど…

A. すぐに対処したほうが好印象です

例えば「使用して1日で部品がはずれてしまいました。残念です」というメッセージがレビューに投稿された場合、交換してほしいという意思表示がなかったとしても、何らかの対応をするべきでしょう。76ページの初回の対応例を参考にメッセージを送り、その後の対応を検討します。交換、修理に応じる場合には、すべて終了してから、顛末がわかる形でレビューに返信をしましょう。ほかのユーザーが見たときに「クレームに誠意をもって対処してくれる作家なのだ」とアピールすることができます。

この度は発送した商品に不備があり、申し訳ありませんでした。取り急ぎ代品を送りましたが、その後いかがでしょうか。今後このようなことがないよう努めてまいります。これに懲りず今後ともよろしくお願いします。

Q. 「ノークレーム・ノーリターン」と明記しているのに、交換を求められた

A. 購入者に落ち度がない場合は対応すべきですが……

「届いた作品がどんな状態であっても、苦情、返品は受けつけません」という意味の定型句。これを明記して出品することについては賛否が別れるところです。クレームは減りますが、購入者に落ち度がない場合は、交換、修理などに応じるべきですし、この文言を掲載しているにも関わらず交換や修理に応じてしまえば、この文言があったためにクレームをあきらめた購入者からの新たなクレームにもつながります。

★ノークレーム、ノーリターンでお願いします。

★メーカー製品に比べ、強度は劣ります。
ハンドメイド品なためとご理解をいただける方のみ
購入ください。

作品名の考え方研究

アート性の強い作品であれば、絵画のように詩的な表現でネーミングするのもいいでしょう。
しかしながら、minneで販売する作品は実用を前提にした商品でもあります。
パッと見ただけでどんな作品なのかがわかるネーミングを心掛けましょう。

●わかりやすい作品名の例

ギャラリー「レモネードプール」

作品名
リボンが選べる★そばかすオバケプラバンブローチ

特徴	シリーズ名	素材	品目
リボンが選べる★	そばかすオバケ	プラバン	ブローチ

ギャラリー「六百田商店」

作品名
焼きたてロールパン(B)ツヤツヤプックリミニブローチ

シリーズ名	特徴、素材	品目
焼きたてロールパン(B)	ツヤツヤプックリ	ミニブローチ

どちらの作品も、特徴をとらえ、わかりやすくまとめています。作品の質感や機能などの特徴的なことや、素材、シリーズ名、その作品が何なのかを簡潔に羅列するとわかりやすい作品名になります。

ユーザーが探しているのは何？

こんな単語が検索されてます

minne運営チームが特別に明かす人気の検索キーワード。ここにあがっている素材やモチーフを使った作品は、作品名に反映させることでページビューがアップするかも?

●アイテム	帽子	ピアス	マスキングテープ	ヘアゴム
	がま口	イヤリング	リース	スマホケース
●素材	コットンパール	レジン	プラバン	革
	レザー	天然石	タッセル	パール
●モチーフ	猫	星	リバティ	刺繍
	リボン	宇宙	花	北欧
●用途	着物	iphone	クリスマス	年賀状

LESSON

TO TAKE A GREAT PHOTO

魅力も特性もきちんと伝わる！

プロが教える カメラ術

どんなにいい作品でも写真がよくないと魅力は伝わりません。
写真術の改善は、膨大な作品の中から
1人でも多くの人に興味をもってもらうための近道です。

基本の道具とセッティング

【 撮影の基本道具 】

カメラ

本書ではスマホを使った撮影方法を紹介します。

背景用 画用紙

背景の色によって印象は変わります。多くの色を用意して、作品に合う背景色を探しましょう。

レフ板用 厚紙(白)

光を反射させ、影の部分を明るくする白の厚紙。写真のように、ふたつ折りの色紙や、A3の白い厚紙を半分に折って自立させます。

【 セッティングの仕方 】

1 晴れの日の窓際にセットする

晴れた日の昼間がベストタイミング。実物に近い自然な色が出せます。直射日光が入る場合は、レースカーテンを閉め、窓から少し離してセットすると、光が柔らかくなり、きつい陰影が抑えられます。

2 窓に対して斜めにカメラを構える

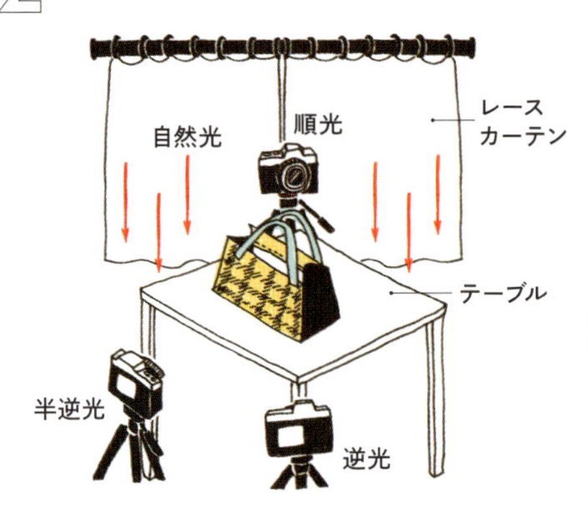

窓（光源）に対して斜め向かいから撮影することを「半逆光」と言います。この撮影法は影が斜めに落ちるため、作品が立体的に見えます。また、背景全体に光がふわりと回り、さわやかな仕上がりとなります。

半逆光	逆光	順光

順光は作品のディテールが分かりやすく、逆光はイメージ寄りのやわらかい写真に仕上がります。半逆光は順光と逆光の良点を併せもちます。

教えてくれたのは
カメラマン　吉井明さん

女性誌を中心に活躍中。撮影全般の知識が豊富で、芸能人をはじめとした人物撮影や料理の撮影まで幅広くこなす。

3: レフ板に光を反射させて全体を明るく

半逆光や逆光で撮影すると、どうしても正面が暗くなりがち。そんなときは作品をより明るく撮るためにレフ板を使いましょう。正面を明るく写すだけでなく、背景の奥まで光が回り全体が明るくなります。

4: 背景が足りないときは紙で2面を覆う

高さがある作品を撮る場合、背景紙をアーチ状にして2面を覆う必要があります。透明の書類ケースに背景紙を貼り、壁面側はペットボトルに立てかけます。

背景紙が下の面しかないと…

背景紙で2面を覆うと…

文具店、100円均一ショップなどで売っている書類ケース。光を通す透明の物を選びましょう。

作品写真で大事なこと

作品の性質や特徴はきちんと伝えましょう

インターネット上で販売をする場合、作品を手に取って吟味してもらうことができません。作品を不安なく購入してもらうため、そして購入したユーザーに「イメージと違った」と思われないためにも、ユーザーが知りたい情報をきちんと伝える写真を撮る必要があります。注意すべき点は「色、形、大きさ、素材」を正しく写すこと。おしゃれで雰囲気よく撮影することよりも、まずは分かりやすい写真を目指しましょう。具体的には、ピントをしっかり合わせて明るく撮影することで色がクリアになりますし、比較対象になるものと一緒に写すことで作品の大きさが分かりやすくなります。アップのカットを加えて素材感を伝えたり、形がゆがまないように工夫することも重要となります。

伝えるための4つのポイント

[形]
角度をつけて撮影すると、作品がゆがんで写り、実物と違う形に見えてしまいます。正しい形に写すことを心掛けましょう。

[大きさ]
バッグやポーチなどいろいろな大きさのあるものは、どのくらいの大きさか分かるように撮ると、使用時の状態が想像しやすくなります。

[色]
例えば服なら、購入者はコーディネートを想像して色を選ぶ場合が多いようです。色が実物と違うとクレームの原因になることがあります。

[素材感]
素材感は作品特有の魅力や特徴でもあるので、はっきり伝えることでリアルな想像がふくらみ、購入につながりやすくなります。

要注意！ 伝わらなくなる12の原因

原因1 ピンボケ

小さい物を撮るとき、寄りすぎるとボケます

原因2 手ぶれ

明るさが足りないと、手ぶれが起こりやすい

原因3 暗い

色が伝わらないばかりか雰囲気も悪く見えます

原因4 大きさがわからない

ポーチやバッグなどは大きさが想像できません

原因5 立体的に見えない

厚みや奥行きがあるものは角度で工夫します

原因6 色が違う

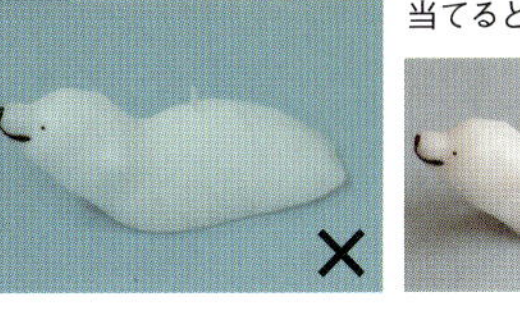

種類の違う光を同時に当てると違った色に

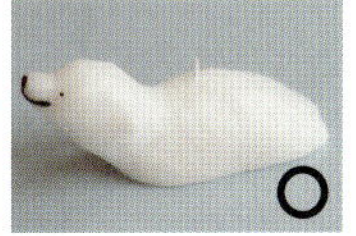

原因7 形がゆがむ

ある一点にだけ近づいて撮るとゆがんで写ります

原因8 画質が悪い

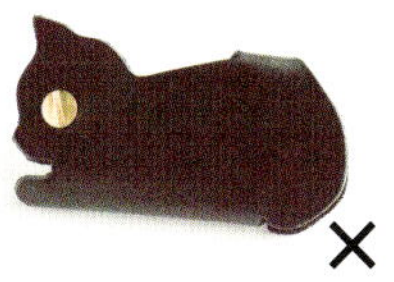

高感度や拡大のしすぎは画質が悪くなる原因に

原因9 透明感がない

光を通さない背景にべた置きすることが原因

原因10 金属が黒くくすむ

金属部分に風景が写り込まないように撮ります

原因11 白とびする

白と黒が混在している作品に起こりやすい

原因12 黒がつぶれる

白背景で黒いものを撮影すると起こりやすい

伝わらない写真はこうして改善！

前ページで紹介した伝わらない原因の解決方法を紹介します。これらの対処法を試して、スマホでもきちんと伝わる写真を撮りましょう。

原因1 ピンボケ

小さい物に寄ると、スマホの場合はピンボケとなり、コンパクトデジタルカメラの場合はシャッターを押せないものが多い。

解決 小さいものを撮るときはマクロモードで

通常は、「フォーカス」が「オートフォーカス」に設定されていますが、小さい物を撮るときには「マクロモード」に設定します。すると、作品にカメラのレンズを近づけてもピントが合わせられるようになります。

オートフォーカスでピントを合わせ撮影すると、左の写真の距離までが限界。マクロモードに切り替えれば、右の写真のように寄ることができます。

原因2 手ぶれ

明るさが足りなかったり、すごく小さな物を撮影するときは、シャッターをタップするときの少しの振動でもぶれやすくなります。

解決 カメラを固定する

作品の大きさに合わせて、右の写真のように構えましょう。シャッターを切るときの振動を抑えることができます。それでも、手ぶれが起こるときは明るさが足りないことも考えられるので、明るい場所に変更するのもいいでしょう。

原因3 暗い

写真が暗いというだけで作品の魅力は半減します。十分な明るさと、適度な影の落ち具合を目指しましょう。

解決 明るめにしたほうがきれい

下の写真は露出の設定を変えて撮ったもの。この場合、「0」よりも「+1」のほうがきれいだと感じます。十分な明るさのある窓際で撮っても暗いときは、撮影時の露出設定を明るくしてから撮りましょう。撮影後に加工で明るさを変えると、画像が劣化し、画質が悪くなってしまいます。

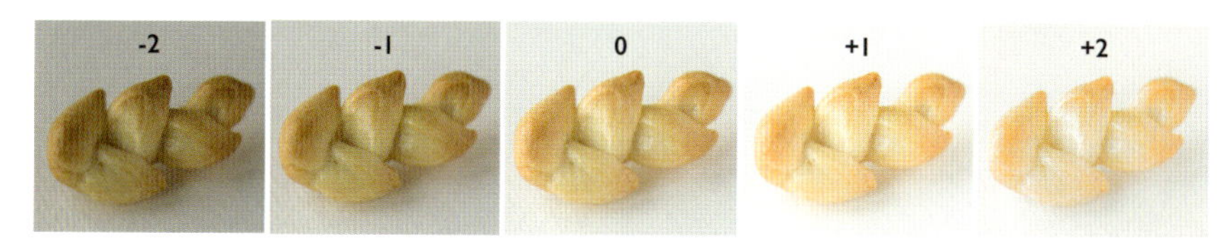

暗くなってからの撮影は照明を使います

照明を使っての撮影は、天井の照明のほか、斜め後ろからデスクライトをあて、半逆光の状態をつくり出します。また、市販の「ディフューズボックス」を使うと、プロのカメラマンが組む照明セットを簡易的につくることができます。通販サイトでも購入可能ですが、乳白色の収納箱でも代用可能です。

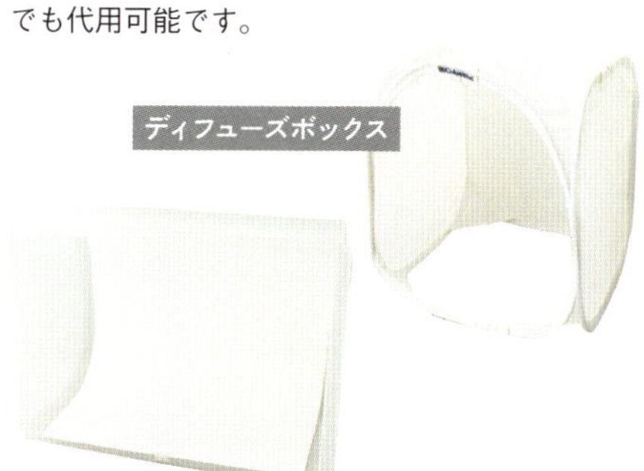

収納箱で代用できます

乳白色のアクリル製収納箱を倒し、白い紙を敷いた上に作品を置いて撮影します。

箱がないと、背景に天井照明とデスクライトの両方の影が落ち、作品につやが出ています。箱を使うと光がやわらぎ、つやが消え、影がきれいに落ちています。

原因4 大きさがわからない

ポーチ、バッグのほか、本物そっくりな食べ物のミニチュアの雑貨などは、そのまま撮るだけだと大きさがイメージできません。

解決 比較対象になるものを一緒に写す

誰もが大きさを想像できるからと、安易に作品の横にペットボトルなどを置いて撮ると、作品の世界観を壊すこともあります。置くものはよく考えて選びましょう。日用雑貨などの場合、「手」は万能で、大きさだけではなく、使用イメージも一緒に伝えることができるのでおすすめです。

バッグやポーチなどの場合は、作品を手で持つほか、中身を入れると作品の大きさが想像しやすくて◎。

原因5 立体的に見えない

厚みがある物は、真正面から撮ると正しい形が分かりません。また、荷物を入れたときと出したときで形が変わるものも同じです。

解決 奥行きや厚みが分かるように角度を工夫する

筒や立方体の作品（写真左）は、複数の面を見せられるようにアングルを調整して奥行きを表現します。マチのない袋類（写真中）は、使用時の状態が分かるように中身を詰めて撮影します。マチのある袋類（写真右）は、正面だけでなく、斜めや真横からも撮影しましょう。

原因 6 色が違う

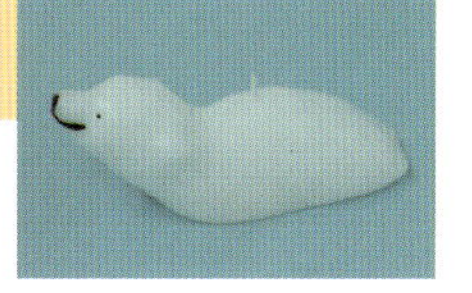

カメラには光の種類を自動で感知し補正をかける機能が備わっているため、種類の異なる光が同時にあたるとうまく補正できません。

解決 種類の違う光を同時に当てない

太陽光で撮るときは蛍光灯や白熱灯を消します。反対に、照明をつけて撮るときには、自然光が入らない環境で撮ります。照明を使って撮るときは天井とデスクライトの種類を統一しましょう。

①適性

②白熱灯+蛍光灯

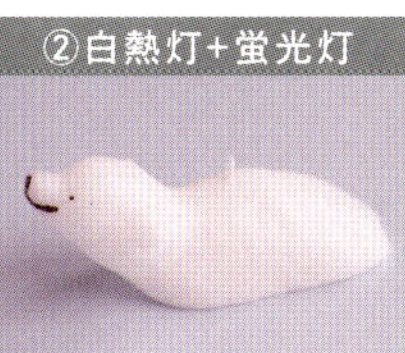

③自然光+蛍光灯

①の適正の色に比べて、②は赤みが強く、③は青みが強く出ています。ただし「昼白色」というタイプの蛍光灯は、太陽光と近いので、同時にあてても自然な仕上がりになります。

原因 7 形がゆがむ

スマホは広範囲を写せる広角レンズ。レンズからの距離が口の部分と底の部分で極端に違うため、ゆがんで写ります。

解決 カメラを被写体から離して正面から撮る

スマホの広角レンズは、レンズから近いものが大きく、遠いものが小さく写るので、極端にレンズと近い箇所ができないように、レンズの位置を作品の中央に合わせます。

→上から撮ると、口が大きく、底が小さく写り、逆円すい型のマグカップに見えます。

→スマホは、横向き、または天地逆さに構えることでレンズの位置が自然と下がります。

→近づきすぎなのと、上から撮っていることで、脚が短く背もたれが長い椅子に見えます。

→作品から離れ、カメラ位置を低くして撮ると、脚や背もたれの長さが、実物通りに。

原因8 画質が悪い

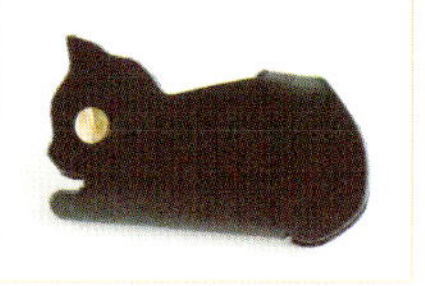

暗めの環境では、ISO感度を高く設定するとぶれずに撮れますが、画質が荒れます。また、撮った写真を加工しても画質が悪くなります。

解決 ISO感度を「100」に設定する

スマホのカメラ起動時は「ISO感度」が「オート」（または自動）に設定されています。これを100（または100以下）に設定。しかし、薄暗い環境でISO感度を下げると手ぶれが起こります。写真の仕上がりにこだわるなら、感度100で撮れない環境では撮らないことです。

カメラの性能によっても変わりますが、明るさやアングルなどを同じ条件で撮影しても、ISO感度の違いでここまで差が出ることがあります。

解決 撮った後に加工しない

撮った写真は通常JPEG形式で保存されますが、JPEGの画像を加工すると、劣化が起こり解像度が低くなります。これも画質が悪いと感じる原因の1つ。加工とは、フィルター加工だけでなく、明るさやトリミングの調整も含まれます。撮ったままの状態で使用するのが一番なのです。

←やや暗い写真を明るくしたり、画像加工アプリで色調を変えたりすると、このように変化した経験はありませんか？

写真は十分な明るさのもとで撮影し、手を加えずそのまま掲載するのが、ベストです。

原因 9 透明感がない

光を通さない紙、布、板などの背景に、透明の素材を近づけて撮ると、下からの光が遮られ透明感が表現できません。

解決 透明の背景を使って撮影する

透明の作品は、ガラスやプラスチックなどの光を通す背景で撮影すると、光が遮られることなく、透明感を表現することができます。グラスなどの自立する作品なら、壁から離すだけで十分透明感が表現できますが、自立しない物や小さい物の場合は次のように撮影しましょう。

スマホケースは窓際に立てかけて

ベタ置きすると作品全体が背景と接してしまうため、透明感がなくなってしまいます。こういった場合は、窓際に立てかけて逆光で撮影しましょう。カメラ側からレフ板を当てれば、絵柄が暗くなることなくきれいに写ります。

小さなピアスは透明の器に乗せて

透明な部分が背景と接してしまうものは、ガラス製やプラスチック製の透明の器に乗せて撮影しましょう。全方向から光が回り、光を通す素材であることがよくわかります。

イヤリング、ネックレスは、グラスに引っかけて

イヤリング、ぶらさがりピアス、ネックレスなどは、グラスのふちに引っかけて撮影するといいでしょう。写真はシンプルなグラスを使用しましたが、作品の雰囲気に合わせて、カッティングを施したグラスなどを選んでもすてきです。

原因 10 金属が黒くくすむ

金属のアクセサリーは、全体的に湾曲した形状のため、撮影者、カメラ、撮影している部屋の風景までが写り込んでしまいます。

解決 白を写り込ませて撮る

85ページで紹介したディフューズボックスを使う方法で撮影します。四方を白で囲むことで、作品に白が写り込み、金属の輝きを表現できます。箱は乳白色がベスト。箱の透明度が高い場合は、光を遮らない程度の薄い白紙を天面に追加して、背景が映らないように調整して。

←金属に白が写り込み、明るくきれいな輝きを表現できています。

原因 11 白とびする

カメラは、白を暗く、黒を明るく写すようにできています。白と黒が混在すると、面積の広いほうを認識して全体を補正しようとします。

解決 露出(明るさ)違いで何カットも撮る

撮影時、明るさを最低から最高まで1段階ずつ変えて撮ってみます。そして、黒がつぶれず、白がとんでいない、最適なカットを選びます。この作品のように白と黒がふたつに分かれているような物は、黒いほうを光源に向けるだけで解決する場合があります。

暗い ←-----→ 明るい

この場合、黒がつぶれすぎず、白がとびすぎていないのは中央の写真。また、次のページ「黒がつぶれる」で紹介するHDRモードを使っても解決できます。

原因 12 黒がつぶれる

同じ黒でも、光を反射する素材と違い、布やニットなど、毛足のある素材ほどつぶれて写りがちに。白背景で撮ると特に起こりやすくなります。

解決 測光設定を「中央重点測光」に

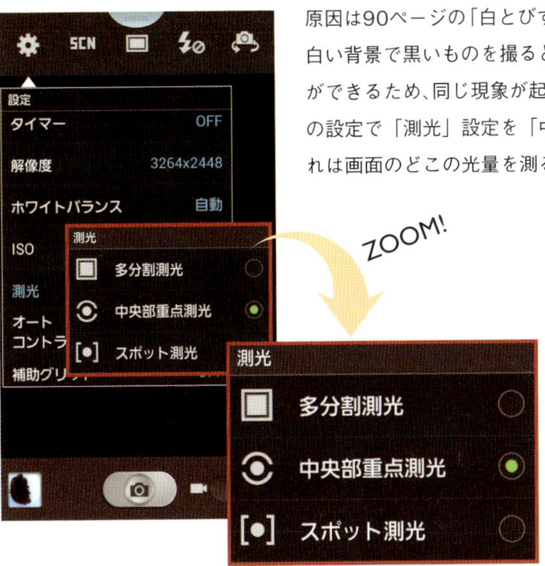

原因は90ページの「白とびする」でも説明したとおりですが、白い背景で黒いものを撮ると、１画面に白の部分と黒の部分ができるため、同じ現象が起こります。そこで、カメラ起動時の設定で「測光」設定を「中央重点測光」に変更します。これは画面のどこの光量を測るかを指定する機能です。

多分割測光
画面全体を測光して補正する設定。白背景で黒い物を撮ると、面積が広い方に合わせて補正されてしまう。

中央部重点測光
画面の中央を測定するので、作品を中央に置いて撮る場合に効果的な設定。

スポット測光
画面中央の狭い部分だけを測光。小さい物を強い逆光で撮っても明るく撮れる。

多分割測光で撮った写真

解決 HDRモードで撮影する

カメラ起動時にHDRモードを選んで撮影しましょう。１回のシャッターで露出の異なる3枚の画像を撮影し、暗い部分と明るい部分を感知して適正な部分同士を自動的に合成する機能です。

作品の魅力を引き出すスタイリング

作品の印象はスタイリングに左右されます。イメージに合う背景や小物を合わせましょう

基本的な撮影技術を理解したら、次は、作品を魅力的に演出する背景について考えてみましょう。minneに出品されている作品写真を見ると、余計なイメージが入らないようにシンプルな背景で撮影している写真が圧倒的多数です。その状況でスタリングに工夫を凝らし、作品を魅力的に演出している写真は目立ちます。また、作品のイメージに合わせて背景に布を敷いたり、小物を合わせたりすることで、見た人の想像が広がり、訴求力も増します。ただし懲りすぎると、主役である作品が目立たなくなってしまうので、あくまでさりげない演出を心掛けましょう。

スタイリングテク 1 色画用紙や色柄ものの布を使う

色画用紙

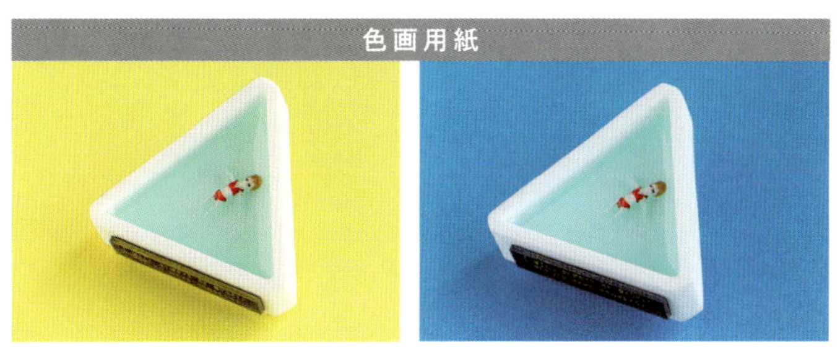

画用紙は素材感が際立たず、すっきりとしたスタイリングに。色を変えることでイメージも変わります。

フェルト

小さな作品と合わせると、フェルトの素材感をはっきり写すことができて効果◎。あたたかみや素朴さも演出できます。

2色使い

1枚の写真で同時に2つの色の印象が伝わります。壁面と床面を、それぞれ違う色にして組み合わせると自然な2色使いができます。

柄物

柄物は主張が強いので、写真のテイストに大きく影響します。初心者は小ぶりな柄や淡い配色を選びましょう。

レース

白のレースは、上品で華やかな雰囲気を演出できます。単色の物なら扱いやすく、柄物に比べて作品を選びません。

スタイリングテク2 小物を使う

砂

ヒトデモチーフのペンダントトップに、海を連想させる砂を合わせました。ピンク色の砂なら、可愛らしさもプラスできます。

綿

手芸用の綿を雪に見立てて、ペンギンの置き物と組み合わせてみました。冬や氷を彷彿させるモチーフを撮るときに試してみて。

ノート

名前シールをノートの上に置いて撮ってみました。実用的な雑貨は、使用シーンがイメージしやすい小物を合わせてみましょう。

白い陶器製の食器

白い陶器製の皿やコップは、金、銀、パールなどのアクセサリーと相性抜群。陶器の質感が、上質さを演出し、明るくきれいに写ります。

造花や落ち葉

写真に季節感を出すなら植物が◎。繰り返し使える造花もいいですが、外で木の実などを拾ってもいいですね。

色ちがい

３色以上展開している作品なら、並べて撮影するだけで楽しい演出となります。多色のときは、背景は白にするとまとまりやすい。

スタイリングテク 3 身近な風景をからめる

窓際

絵になる窓枠を探してみましょう。出窓や採光用の窓枠だけでなく、寄って撮るなら、トイレやお風呂の窓だって使えます。

イス

壁の前に椅子を置くだけで、趣のある写真に見えます。椅子全体を収めると作品が目立たないので脚を入れずに撮るのがポイント。

空

光を通さないものを青空を背景にして撮ると逆光で作品が暗くなってしまいますが、光を通す素材のものはきれいに写ります。

ベンチ

年季の入った木のベンチも、作品によっては魅力的な演出に。直射日光のあたらない明るい場所のベンチが撮影向き。

芝生

綿や麻など天然素材を使った作品は、芝生によくなじみます。動物や植物モチーフの作品とも相性がいいです。

塀・生け垣

家の周りにある塀や生け垣が素敵な撮影ポイントになるかもしれません。立てかけたり、つるしたりしていい場所を見つけましょう。

複数の写真で作品の特徴を伝える

きちんと見せたい重要な部分は、アイテムごとに違います

洋服やアクセサリーならコーディネート、インテリアなら部屋に配置したときのイメージやディテールなど、作品の特性によって、ユーザーが写真で見たい箇所は違いますし、欲しいと思わせるための演出も異なります。作品に興味をもったユーザーの疑問を解消し、さらに欲しいと思わせるには、基本的な機能や特徴などが伝わる写真と、その作品を手にしたときの気分や使用時をイメージさせる写真、どちらも同じくらい重要なのです。さらに、作品の見えにくい部分をアップで撮るなどの工夫も必要です。

minneの作品ページに登録できる写真は5点

販売する作品の特徴を5点で表現するには、それぞれの写真で何を伝えなくてはいけないかを明確にする必要があります。例えば、1点は全体像、そして1～3点でその作品の特徴、残りの写真でデザインの特徴や使用時のイメージなど。撮影前にコンテを描いてみるといいでしょう。

アイテム別 撮影ポイント

アイテムが変われば撮影のポイントも変わります。下の表や写真の基本例を参考に考えてみましょう。また、ロゴ、刻印やチャームなどがある場合、それらも掲載したほうが親切です。

アイテム	撮影ポイント
アクセサリー	正面、裏面の金具や留め具の寄り、モチーフの寄り、着用カット
バッグ・ポーチ・財布	正面、斜め、内側やポケット、素材や縫い目の寄り、荷物を収納して、手を添えて
衣服・服飾小物	着用カット、内側やポケット、素材や縫い目の寄り、デザインポイントの寄り
文具・日用雑貨	正面、斜め、使用時の状態、開閉式のものは両状態、素材や細部の寄り
マスコット・おもちゃ	正面、斜め、裏面や金具や留め具の寄り、使用時の状態、使い方や遊び方のわかるカット
家具	正面、斜め、室内使用時の状態、ほかの家具とのコーディネート例
食器	正面、斜め、裏面、手を添えて、使用時の状態（料理を盛り付けるなど）
インテリア小物	正面、斜め、室内のインテリアを背景にしたコーディネート写真、手を添えて

【バッグの場合】

正面

斜め

手を添えて

素材寄り

内容量

お手本にしたい！

人気作家たちの写真テク

絵柄がはっきり見える

TOCCOTOCCO'S GALLERY

あえて強めの光をあてて撮ることで、1つひとつの色味やディテールを強調しています。

金属の質感がきれい

wag tag

作品の手前側を影にして、光の当たった部分との差をはっきりと出すことで、高級感ある質感を演出しています。

海を彷彿させる演出

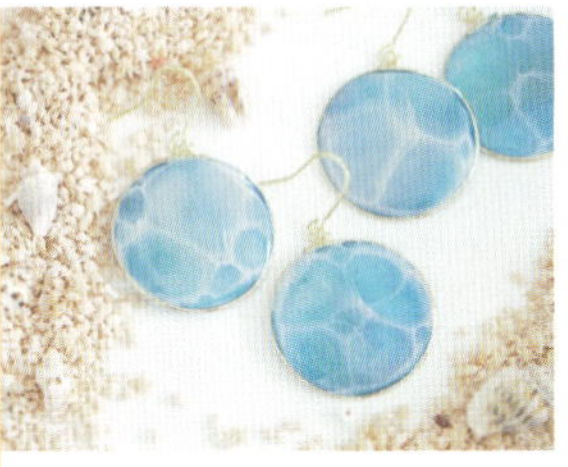

qualquer

リアルな砂や貝を小道具に使って撮影することで作品(ピアス)の持つ「海辺」のイメージが伝わってきます。

落ち着いた世界観を表現

TOUKIAN'S GALLERY

天然の枯葉を小道具に準備。焼き物の落ち着いた「味」と、自然をテーマにした世界観を演出。

素材を一緒に撮影

- du bon temps -

ネックピローの中に入っている小豆を一緒に撮ることで、作品の特徴がひとめでわかるように工夫しています。

インテリアの一部のように演出

A.Dot deco

ポーチの周りにモノトーンの小物を置いて撮影。インテリアの一部のように飾って世界観を伝えています。

ただ商品を撮影するだけでなく、いかに「素材感」や「世界観」を伝えるかが大切です。人気作家たちの工夫やアイデアを、ぜひ参考にしてみましょう。

アンティーク風の小物が印象的

B-GARDEN'S GALLERY

アンティーク風な本や額縁などを使ってシックな写真に。レトロでおしゃれな雰囲気に仕上げています。

使用例が具体的

KNOOP

作品のシールを「どのように使ってほしいか」の使用例を撮影。スイーツとのコラボは目を引くポイント。

構図で変化をつける

白石本舗

作品をあえて写真の中心に置かず、隅に置く。こうすることで抜け感が出て、おしゃれさが増しています。

イメージが沸く着用カット

Cotton Cup's Gallery

モデルのネイルの色と作品が好相性。コーディネートや着用イメージを上手に伝えています。

やわらかい光で優しい雰囲気

COBITO WORKS.

作品のほっこり優しい雰囲気を伝えるため、やわらかい光で撮影して、影が濃く出ないように調整しています。

おしゃれな背景

AI-BABY-KIDS'S GALLERY

おしゃれにスタイリングした着用イメージを撮影。場所にもこだわることでオリジナリティーを強調できます。

もっと上手に！ もっと簡単に！

作品撮影用便利グッズ

本編では代用品を使った方法を紹介しましたが、本格的に撮影を極めるなら便利なグッズを購入すると効率もアップします。おすすめはこの3点。

背景紙スタンド、背景紙、レフ板セット

本編ではアクリル製の書類ケースを使った方法を紹介しましたが、もっと大きな作品を撮影するときに便利。スタンドがあれば、窓際でも半逆光のセットがつくれます。

テーブルフォトシンプル背景スタンド
2,900円／ミーナ
TEL：03-3713-4414
URL：http://www.adreve.com/

三脚用スマホアダプター

本来は、スマホで動画などを見るときにスマホを立てるスタンドですが、脚を回転させて取り外すと、カメラ用の三脚にスマホを装着できるアダプターとして使えます。

スマートフォンスタンド108円／ダイソー
TEL：082-420-0100
URL：http://www.daiso-sangyo.co.jp/

ディフューズボックス

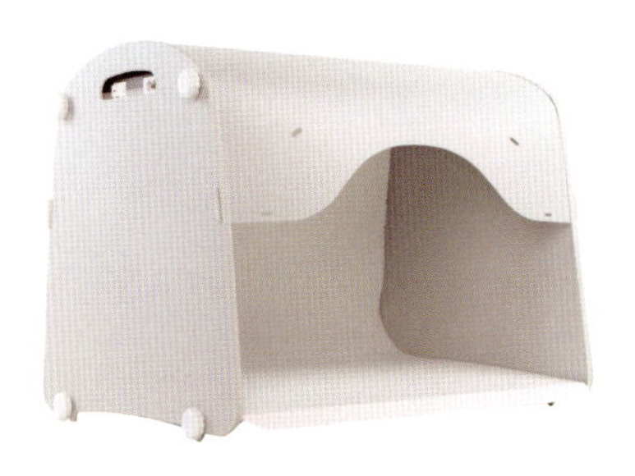

LED照明を搭載しているので、電源を入れるだけですぐに商品撮影がはじめられます。また、上に穴が空いているので、真俯瞰からの撮影でも商品に影が落ちません。

撮影ボックス撮影ブース(S)1万2,800円／
エクレティック・バイ
0120-905-667
URL：http://www.rakuten.ne.jp/gold/otonakukan/

LESSON

5

GOOD WRAPPING IDEAS

感謝の気持ちを形に！

こだわりのラッピングに心を込めて

リピーターを増やすのに、実は重要なラッピング。
ここでは人気作家たちのこだわりのアイデアを紹介します。

ラッピングの重要性

購入者への感謝の気持ちが
リピーター獲得につながります

本来、購入者に作品を発送する際、破損がないよう、必要最低限の梱包が施されていれば問題ないもの。それでも作家がラッピングにこだわるのは、購入者に対して感謝の気持ちを伝えたいからです。作家たちから、まるでプレゼントを開けるときのようなわくわく感を味わってほしい、細部までオリジナルブランドの世界観を楽しんでほしいというコメントが多く寄せられています。リピーターの多い作家は特にその傾向が強くあります。真心の込もったラッピングは、リピーターを増やすことにつながるのです。

人気作家たちの

ラッピングへの思い

包みを開けたときにわくわくしてもらいたい

黒と白の縞模様のひもで結び、ロゴシールでデコレーション。作品を可愛くドレスアップさせるのがこだわりです。

A FLOATING LIFE SHOP

通常のラッピングも手を抜かないのが大事

受け取ったときに「おしゃれ♪」と喜んでいただけるように、オリジナルのデザインを紙袋にあしらっています。

botanical pieces by toi et moe

シンプルな梱包を心掛けています

作品の保護はもちろん、開けたときの楽しさを損なわないようなシンプルで可愛い梱包を日々模索中。

MARYK KNITTING

作品がメインとなるようなラッピングに

台紙のデザインを作品に関連したものにするなど、箱を開けたときに作品が話しかけてくるような楽しいラッピングにしています。

nanacoma

季節や作品によってデザインを変えます

心掛けているのはシンプルでオリジナリティーのあるラッピング。封筒をマスキングテープで可愛くアレンジしたりします。

to-ri

オリジナルカードをつくる

カードを添えることで親近感が生まれます

作家たちが作品に添えているオリジナルカードには、いくつか種類があります。ブランドの名前やホームページなどを記した、いわゆるショップカードや、作品のお手入れ方法などを記した取り扱い説明書、購入者へのお礼などを書いたメッセージカードなど。minneをはじめとするハンドメイドマーケットでは、購入者が作家と顔を合わせる機会がほとんどありません。そのため、購入者は添えられたオリジナルカードから人柄を感じとり、親近感を覚えたりします。また、ブランド力を高めるツールにもなりますので、作品に合ったデザインのものをつくるように意識しましょう。

人気作家発

おしゃれなカードアイデア

BLUE HANNA

シンプルで美しいデザインの中身に、作品や取り扱い時の注意事項を記載。心くばりが光るカード。

nanacoma

大好きだというシロクマのデザインが素敵。直筆による感謝の言葉とスタンプに注目。

botanical pieces by toi et moe

女性のイラストを用いたおしゃれなカード。吹き出しに言葉を書くセンスは秀逸です。

MIKON'S GALLERY

可愛いカードはバクとクジラ。もらうと思わずホッとするイラストがうれしいですね。

kyi

ハンドプリント独特の風合いがキュート。カラフルなリボンが目を引きます。

neco-me.

猫のシルエットがスタンプされたショップカード。温かみのあるシンプルデザイン。

amiko

棒針と毛糸を組み合わせたロゴデザインは、手編み作品メインのamikoならでは。

オリジナルのラッピング用品をつくる

ラッピングも作品の一部として考える

カードだけでなく、ラッピング用品をオリジナルでつくる作家も多く見かけます。ピアスやブローチの台紙、誕生日プレゼント用の紙袋など、ラッピングも含め１つの作品として捉え、ブランドの世界観に統一性を持たせています。たくさんの商品の中から、自分の作品を選んでくれたことに感謝し、そんな購入者に向けてサプライズプレゼントを贈るような気持ちでラッピングしてみましょう。実際に商品が手元に届いたときに、「あっ！」と驚かせるようなオリジナリティーあふれるラッピングをすれば、作品だけでなく、ブランドとして強い印象を、購入者に与えることができます。

人気作家発

おしゃれなラッピング用品アイデア

ボックス

amiko

生成りの地にあしらわれたブランドロゴがシンプルなボックスにマッチし、センスのよい仕上がりに。

ビニール袋

kyi

楽しく手づくりしている女性が描かれた袋。見るだけでハッピーな気分になれますね。

台紙

nanacoma

ORANGE

neco-me.

作品に関連する凝った台紙づくりをするのも各作家さんのこだわり。開けた瞬間うきうきしそう♪

紙袋

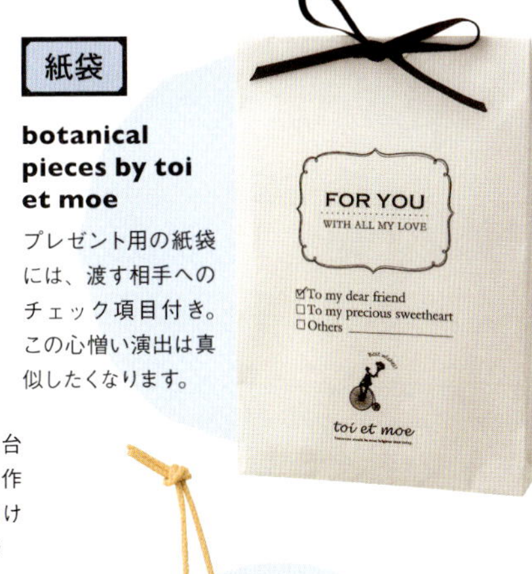

botanical pieces by toi et moe

プレゼント用の紙袋には、渡す相手へのチェック項目付き。この心憎い演出は真似したくなります。

シール

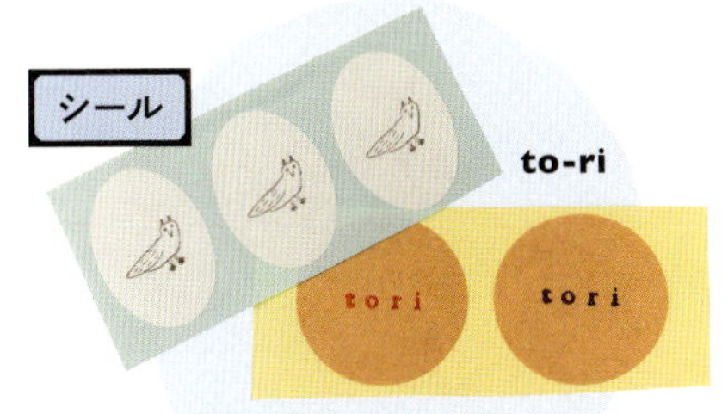

to-ri

ちょっとした梱包のアクセントになってくれるシール。作家のセンスや個性が光ります。

タグ

Rocorino

ついてるだけで得した気分になれるタグ。このタグ目当てに何度も購入してしまいそうです。

簡単おしゃれなラッピング材料

作品が売れたときのことを考えて、用意しておきたいのがラッピングの材料。まずは定番の材料を揃えて、ラッピングしてみましょう。最初はシンプルでもOK。慣れてきたら自分なりに工夫するのがおすすめです。

まずこれだけは揃えておきたい 定番アイテム

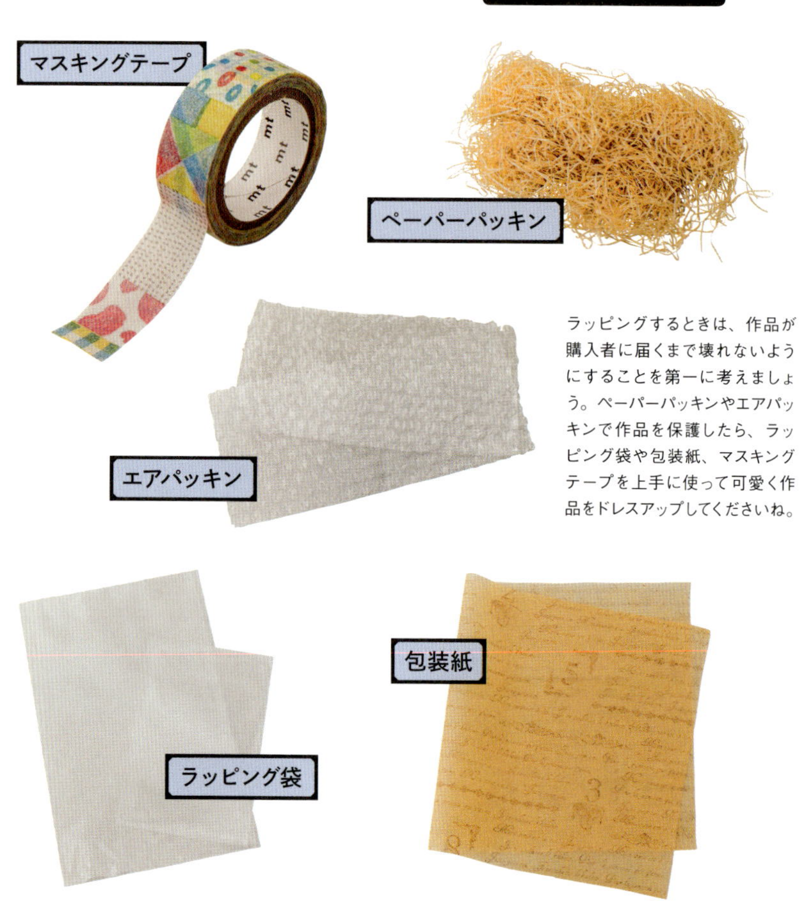

ラッピングするときは、作品が購入者に届くまで壊れないようにすることを第一に考えましょう。ペーパーパッキンやエアパッキンで作品を保護したら、ラッピング袋や包装紙、マスキングテープを上手に使って可愛く作品をドレスアップしてくださいね。

簡単に 華やかさをプラス したいなら

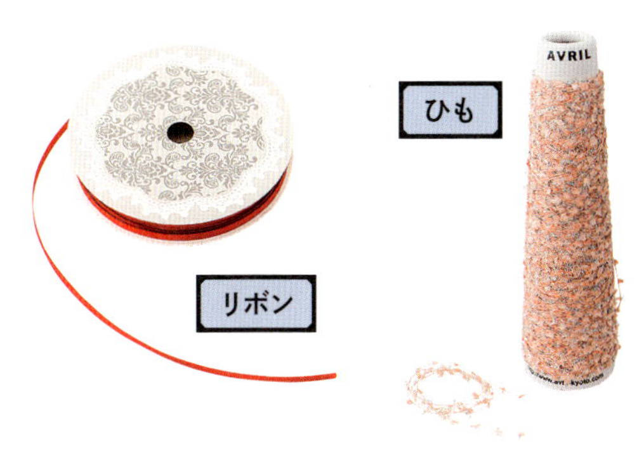

ラッピングしてみたものの、なんとなく寂しい印象に……。そんなときに大活躍してくれるのがリボンやヒモ。グルグルと包装紙に巻くだけでもおしゃれな雰囲気になりますよ。アクセントをつけたいときにとても便利なので買っておきましょう。

メッセージカード は雑貨屋や100円ショップでもOK

人気作家のようにオリジナルのカードはつくれない！ と思う人は、市販のカードをいくつか揃えておきましょう。季節や商品に合わせて送るカードを変えるのも楽しいはず！ 自分の作品を気に入ってくださった方に感謝の言葉を伝えることも大事ですよ。

こんなお役立ちアイテムも人気！

折りたたみボックス

梱包するのに簡単で便利なボックス。オリジナルのシールを貼ったり、手書きでメッセージを添えることもできます。

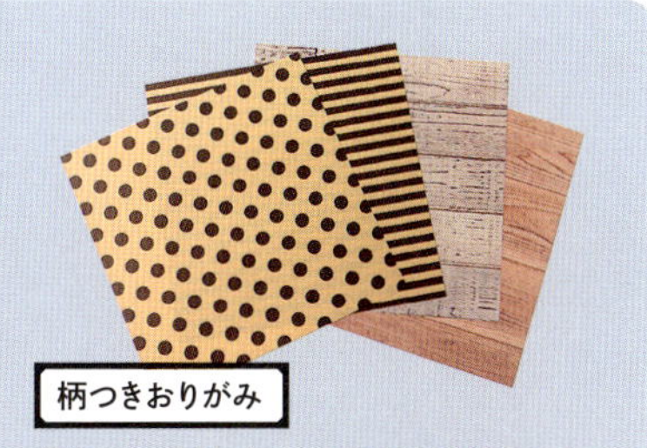

柄つきおりがみ

袋をつくったり、包んだりと工夫次第でいろいろ使えます。100円ショップなどで買えます。

ギャラリー **01-zerowan-** の作家が教えます!

手づくりラッピングテク

「世界にひとつしかない」という意味を込めてブランドを運営。上品なアクセサリーをメインに制作。

飾り用リボン

ビビッドなマステが可愛い!

材料、道具

- マスキングテープ
- 折り紙
- 割りピン
- カッター
- 定規
- ハサミ

① 折り紙にマステを貼る

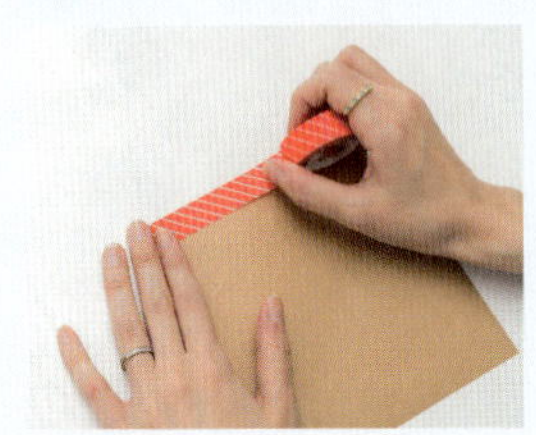

折り紙の裏の端部分にマスキングテープを貼りましょう。はみ出したり、曲がったりしないように丁寧に貼るのがコツです。

② 適当なサイズに切る

マスキングテープを貼った部分を折り紙から切り離します。細さはお好みでかまいません。今回はマステの半分の幅に切り分けています。

③ リボン形に折る

まず端から4分の1を左斜めに折る。2cm残して残りの部分を同じように折る。半分ぐらいの長さが残るように折り、リボンの形にします。

④ 割りピンをつける

リボン中央部分にカッターで切り込みを入れ、そこに割りピンを差し込む。差し込んだら裏でピンの先を割って固定します。

⑤ 長さを揃えて完成!

リボンの長さをきれいに揃えるために、ハサミでカットすれば完成。長さは全体のバランスを見ながら調節するのがポイントです。

TECHNIQUE 2

メッセージタグ

つくりだめておくと便利

best wish

材料、道具

- マスキングテープ
- 麻ひも
- スタンプ
- 厚紙
- 穴あけパンチ
- カッター
- 定規

① 厚紙にマステを貼る

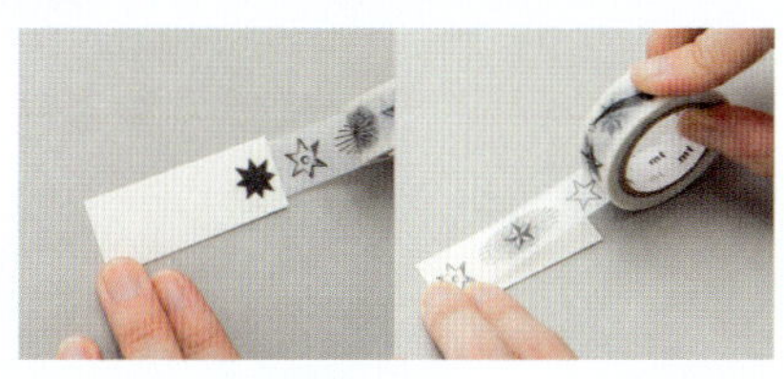

好みの色の厚紙を用意しましょう。自分の好きな大きさの長方形にカットしたら、厚紙にマスキングテープを貼りましょう。柄はお好みで♪

② 一方の端をV字にカット

マスキングテープの柄を崩さないように、厚紙の端をカッターでV字にカット。浅めのV字にカットすると可愛い感じになります。

③ パンチで穴をあける

②でカットしたのと逆側の端に穴あけパンチで穴をあけます。今回のように柄があれば、それを考慮しながら開けてもOK。

④ スタンプをおす

メッセージスタンプを押しましょう。送る相手のことを考えたメッセージなら何でもOK。カラーインクを使うのもおすすめ。

⑤ ひもを通して完成！

穴をあけた部分に半分に折ったひもを通してから、輪の中に再度通しましょう。麻やほんのり色のついたタイプだとおしゃれに♪

すてきな 人気作家たちのラッピングアイデア集

星座を題材にした作品に
合うカードをプラス

01-zerowan-

カードを引き立てる
白黒ひも+シール

A FLOATING LIFE SHOP

レトロなデザインの箱が
手編みの作品とマッチ

amiko

白×ラベンダーの配色で
大人シンプルに

BLUE HANNA

普段は購入した人しか見ることのできない人気作家たちのこだわりラッピングをご紹介。真似したいほど可愛い物ばかりです。

作品をイメージさせる
ブラウンで統一
WELCOME
Rocorino
for you
hitomikondou
MIKON'S GALLERY
小さな家の形の箱で
開ける楽しみが倍に
カラフルな毛糸の
リボンが華やか
neco-me.
All handmade.
Just for you...
neco-me.
neco-me.
FOR YOU
neco-me.
tori
ochicraft
For You
ブルーに映える
赤と黄色がキュート
ぽち子
to-ri
handmade
small accessories
キュートなボタニカルの
タグがアクセントに

作品とお揃いの
カードがうれしい
ORANGE
Thank you so much
for everything.
ORANGE
Ruru-*
minne さま
可愛い飾りリボンで
上品な仕上げに
さちみるく
巾着の中は梱包材の
造花の花びらが！
Petit*Four
アクセサリー作家 さちみるく
Petit'Four
nanacoma
Thank you
Hello
トリコロールの飾り
リボンがセンス抜群
＊nanacoma＊
シックな色合いの
大きめリボンがラブリー
市宵
LESSON TO SELLING
・minne・

人気作家 御用達ショップ 梱包編

“少量注文が可能”、“まとめ買いがお得”など、数やアイテムによって購入先を選ぶのが賢い方法です。どんなタイプの品物にも使えるアイテムが揃ってます。

豊富な種類のパッケージサイト

パッケージ通販

包装用品やラミネート用品など約5,000点を取り扱っている通販サイト。ネットでいつでも在庫確認、商品検索、注文ができ、少量の50枚からでも注文できるので初心者でも利用しやすい。

URL : http://www.seiwa-p.co.jp/
0120-372211(東日本) 0120-296110(西日本)

1,000種の段ボールが購入できる

アースダンボール

約1,000種以上の段ボールを低価格で扱うサイト。他にも、緩衝材などの梱包のお役立ち商品もあります。既製品だけでなく、サイズ、色を自分の思い通りにオーダーすることも可能。

URL : http://www.bestcarton.com/
TEL : 048-728-9202

ラッピング用品の幅広さが自慢

ラッピング倶楽部

箱、リボン、包装紙などラッピングに必要な物はもちろん、ブライダルアイテム、文具など幅広い品揃え！　約2万点の豊富な商品数があるので、こだわりの一品を見つけることができます。

URL : http://www.wrappingclub.jp/
TEL : 03-5659-3771

歴史あるお店の通販サイト

商い支援

老舗の包装用品店「シモジマ」が運営しているサイトです。店舗やオフィス向けの商品が1万5,000点超の品揃え！　初心者にはうれしいラッピング術などのお役立ち情報も紹介しています。

URL : http://www.akinaishien.com/front/contents/top/
0120-997-157

開放的なおしゃれな空間！

canaelle(キャナエル) グランツリー武蔵小杉

ショッピングモール「グランツリー武蔵小杉」の中にある雑貨屋さん。開放的な空間は、誕生日や記念日を演出するアニバーサリー用品、ラッピング用品、輸入雑貨、造花などであふれています。

住所：神奈川県川崎市中原区新丸子東3-1135-1 グランツリー武蔵小杉 3F　TEL：044-431-1250

約150m²の店内の内装にも注目！

WRAPPLE wrapping and D.I.Y.(ラップル ラッピング アンド ディーアイワイ)

「渋谷PARCO PART1」にあるお店。店内では、購入した商品で作業ができ、ワークショップも定期的に開催。アイテム数は約8,000種類で、不定期に販売するマスキングテープは完売必至です。

住所：東京都渋谷区宇田川町15-1 渋谷PARCO PART1 4F
TEL：03-5428-8284

LESSON

6

BECOME HANDMADE CREATOR

先輩の人気作家をしっかり研究！

人気作家を目指そう

誰もが憧れる人気作家への道。
近づくために今日からできることを、学んでいきましょう。

人気作家には共通点が！

無理せず続けられる
自分のペースを見つける

人気作家と呼ばれる人たちは、他の作家の人たちと一体どのような違いがあるのでしょうか。購入希望者を大切にする気持ちは大事ですが、あわてふためいて「お客のために」と、作品をつくることはありません。作品づくりに追われてしまったときは、受注生産に切り替える、お休みの期間を設けるなど、自分が無理せず作品づくりを続けられるペースをしっかりもっています。そして親切で安心できる案内、オリジナリティーあふれる作品、レビューへのお礼、発送の際に添える手書きのメッセージなど、1つひとつの作業を丁寧にこなすことが重要なのです。購入者に対する気遣いが伝われば、作家に対する信頼感が生まれ、ファンを増やすことへとつながることでしょう。

人気作家5つの共通点

1
マメに情報を配信

イベント出店や新作発売などの最新情報をSNSなどでこまめに配信。「Twitterを見て買いに来ました」という方もいるそうです。お客は頻繁にチェックしてます！

2
何事も丁寧

作品紹介文、メールでの対応、ラッピングなど全てにおいて、気を抜かず丁寧に。お客は作品だけでなく、作家の人柄もきちんと見ています。

3
楽しんでつくっている

作品づくりに追われている人よりも、心から楽しんで作品づくりをしている人の方が魅力的！　いつも笑顔な作家の作品は、作品自体も輝いて見えるものです。

4
プロデュース力がある

作品の世界観がしっかりしているので、自分がどんな物をつくりたいかが明確。ラッピングも、作品に合わせ統一感がある物になっています。

無理をしない

制作期間とお休み期間のメリハリをしっかりつけましょう。状況的に厳しいと思ったときは、受注生産にする、発送期間を多く見積もっておくなど対策を。

＼人気作家にインタビュー／

私たち、こうして制作しています！

Fish Born Chips ｜フィッシュ ボーン チップス｜

相川佳輝さん
相川祐果さん

過去の作品にとらわれすぎず、新鮮なアイデアでブランドを進化

ラフォーレ原宿に期間限定ショップを出店したり、「CA4LA」や「スター・ウォーズ」とコラボしたりと、minne作家のなかでもカリスマ的な人気を誇る、専業の夫婦作家。作品づくりにおいて大切なのはオリジナリティーを出すことだと相川さん夫婦は言います。「過去の作品にとらわれすぎていると、新しいアイデアは生まれませんし、オリジナリティーを出すためには、面白いと思える新鮮な作品をつくり続ける必要があると思っています」。

売るための具体的な工夫をお聞きすると、SNSを駆使するテクニックを教えてくれました。「SNSの更新を増やして知名度を上げる工夫をしています。内容は、新商品の紹介、イベントの案内、納品状況や制作風景などさまざまです。Twitterにアップする際は、minneのアカウント@minnecomや、ハッシュタグをつけることでリツイート（拡散）をねらうのも手だと思いますね」。

PROFILE

作家歴：3年／作家をはじめたきっかけ：知人に誘われて／出品ジャンル：革雑貨、帽子、革カバン

Twitter ID :
@fishbornchips

Instagram ID :
fishbornchips

❶ラフォーレ原宿の期間限定ポップアップストアでは「スター・ウォーズ」のバッグや帽子が揃う。 ❷大胆なペイントのハットは「CA4LA」とのコラボ商品。 ❸雑誌「装苑」ではキーホルダーと、ShoeStripperが紹介された。 ❹作業効率を上げるために、よく使うアイテムは取り出しやすく収納。 ❺目玉はオリジナリティーあふれる動物バッグ。 ❻トキの群れをモチーフにしたバッグも人気。

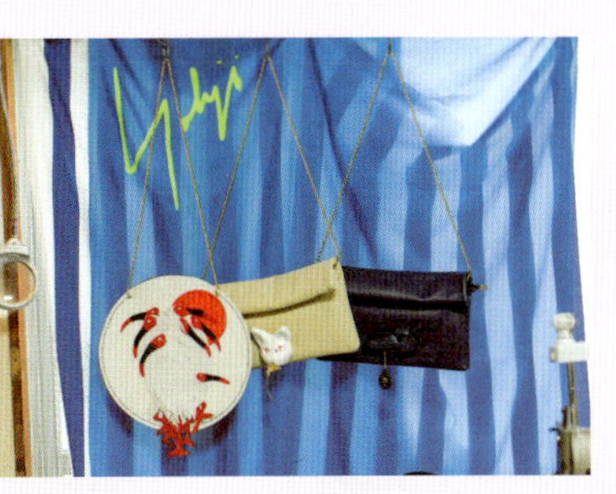

長続きのアドバイス

- 自分自身が楽しめるように「発想力」をもち続ける
- お手ごろ価格な薄利多売の作品を制作し、利益を得る
- お客のお問い合わせには丁寧な対応を心掛ける

noa noa ｜ノア ノア｜ 佐藤美波さん

納得できる作品をつくるのが、創作活動を楽しく行う秘訣

専業で作家活動を続ける佐藤さんが大事にしていることは、自分らしさを大切にすることと、なにより楽しむこと。「売ることだけを目的にして、創作活動を続けるのは楽しくないですし、長続きしないと思います。作家の強い思いやメッセージ性は、作品やminneのページを通してユーザーにしっかり伝わっていると思いますし、そういう気持ちで制作する作品が結果として人気のある商品になっています」。

佐藤さんは、作品のラッピングにもこだわりをもっています。「作品1つひとつの小箱にリボンをかけて、手書きの手紙を添えて……。時間と手間はかかりますが、作品に対する気持ちや思いなど目に見えない部分も伝えられたらと思っています」。ユーザーへの丁寧な対応からも人柄が伝わってきます。

とにかく楽しそうに話してくれたのが印象的で、その様子からも自身の作品に対する自信と愛情を強く感じました。

PROFILE

作家歴：3年／作家をはじめたきっかけ：留学先のカナダでビジュアル・アートの先生からその道に進むよう勧められたため／出品ジャンル：アクセサリー

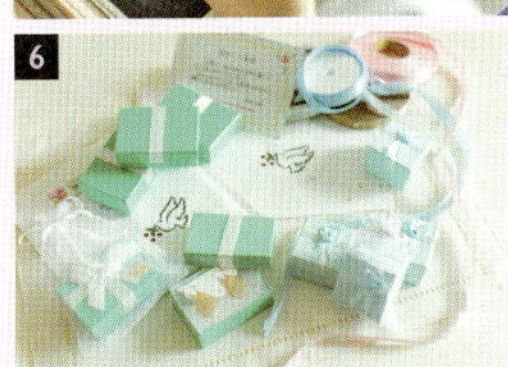

1 留学経験から海外で委託販売中。こちらはアムステルダムのショップ。 **2** ブランドの世界観が伝わるようにディスプレイ。 **3** はじめての委託販売店でもある、フランスのショップ。 **4** 日本的な可愛い小物はフランスでも人気が高いそう。 **5** 心を込めて作品を生み出します。 **6** プレゼントを渡すような気持ちでラッピングを。 **7** こだわりの天然石を使用。 **8** ジュエリー作家としてインタビューが掲載。

長続きのアドバイス

- 流行に左右されず、オリジナリティーを貫く
- 自分のわくわく感を大切にする
- 海外に行くなど、インスピレーションを刺激する

スタジオおやつ

寺門みなみさん

目指すのは眺めるだけでほんわかする“おやつ”的な雑貨づくり

寺門さんは兼業作家。「雑貨は心のおやつ」をモットーに、手元にあるとちょっとうれしい、つくっていても楽しい雑貨を制作。作家として生計を立てなければと考えると、必然的に利益を得るために売れ筋をねらってしまい、ブランドのコンセプトに合わなくなってしまいます。あくまで作家活動は「人生のおやつ的活動」と位置づけて、ごほうび感覚で楽しむのだとか。「平日は会社に勤めており、作品の増産が大変だと思うことはあります。仕事と違い好きなことを思い切り表現できる場なので、minneでの活動は心の栄養になっていますね」。

ユニークな作品紹介用の写真も魅力のひとつ。「おそば屋さんだったり、花輪屋さんだったり、ブランドのアイテムの世界観に合う場所を探して、撮影しています。作品写真の1つひとつに、楽しい苦労が詰まっているので、ぜひそこにも注目してほしいと思っています！」。

PROFILE

作家歴：6ヵ月／作家をはじめたきっかけ：転職する際の就職活動中に思い立ち／出品ジャンル：アクセサリー、雑貨

Twitter ID : @studio_oyatsu
Facebook : studiooyatsu
Instagram ID : @studio_oyatsu

1

2

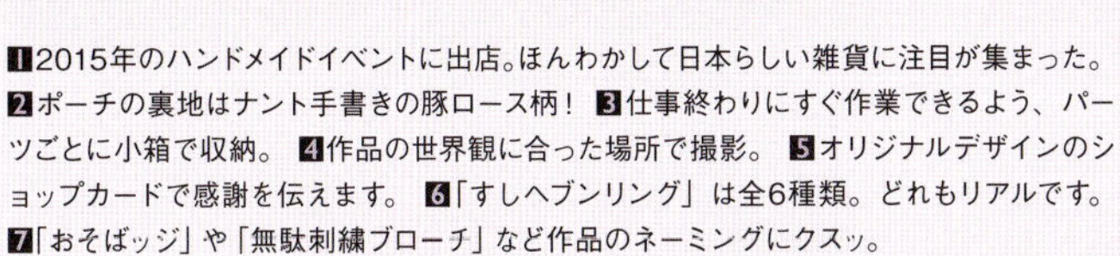

❶2015年のハンドメイドイベントに出店。ほんわかして日本らしい雑貨に注目が集まった。❷ポーチの裏地はナント手書きの豚ロース柄！ ❸仕事終わりにすぐ作業できるよう、パーツごとに小箱で収納。 ❹作品の世界観に合った場所で撮影。 ❺オリジナルデザインのショップカードで感謝を伝えます。 ❻「すしヘブンリング」は全6種類。どれもリアルです。 ❼「おそばッジ」や「無駄刺繍ブローチ」など作品のネーミングにクスッ。

3

4

5

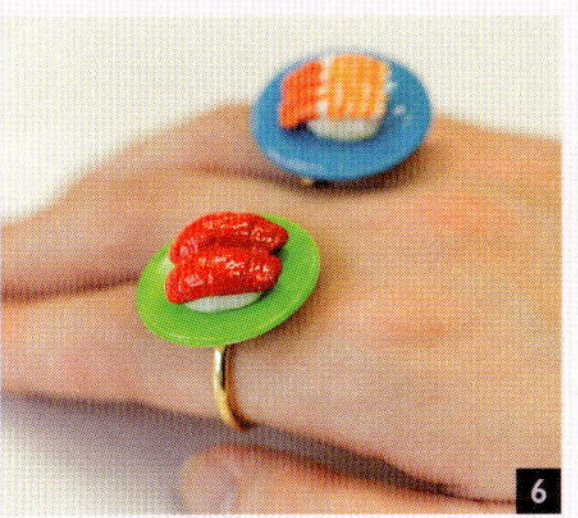

6

7

長続きのアドバイス

- 作品の制作において利益を求めすぎない
- 世界観を大切にして、作品紹介用の写真にもこだわる
- 作家活動は「心のおやつ」と位置づけ、とことん楽しむ

Zacchino! | ザッキーノ! |

野崎みほさん

何でも自分自身で作業をすることで結果的に上手にコストを削減

イラストレーターとしても活躍する野崎さんは、オリジナリティーのある作品づくりにこだわる作家。「思いついた物をつくりますが、同じような作品がないか、リサーチしてから制作をはじめることもあります」。そんな野崎さんが作家活動で気をつけていることについて教えてくれました。「作品を入れる箱も自分で制作するなど、何でもやっています。それが結果的にコスト削減につながっているのだと思います。また、作品づくりに追われてストレスにならないように、注文を受けてから発送までの期間も十分に取っています」。

作品は、ユーザーの気持ちになって紹介するのがポイント。「コンセプトや使用素材の説明など、作品の紹介文はできるだけ具体的に書くようにしています。ユーザーは作品を選ぶときに実際に手に取れないので、写真も色々な角度から撮っていますし、パーツのアップを掲載したりと、内容が伝わるよう心掛けていますね」。

PROFILE

作家歴：5年／作家をはじめたきっかけ：イラストを立体物にしたいと思って／出品ジャンル：アクセサリー、ステーショナリー、雑貨

Twitter ID : @miho_nozaki
Facebook : zacchinojp
Instagram ID : MIHO_NOZAKI

❶❷野崎さんは、手づくり雑貨の本で度々紹介されるほどの人気作家。 ❸イベントでは様々な作品を展示。 ❹受注で注文を受け、発送までの期間を十分に取ってストレスを軽減。 ❺イラストのアイデア帳。思いついたらすぐに手を動かします。 ❻作品を梱包する可愛い箱も手づくりしてコストを削減。 ❼作品はブランド名が入ったヘッダーや台紙にセット。HPもチェックしてほしいから、URLも印刷しているそう。

長続きのアドバイス

- 全てを自分でこなしてコストを削減しつつ、妥協はしない
- 注文から発送までの期間を十分に取り、作品づくりに追われない
- ユーザーの立場になってできるだけ詳しく作品を紹介する

ハリモグラ

陣内啓治さん
木村あやさん

気軽に楽しんでもらえる造形作品を真心込めて販売

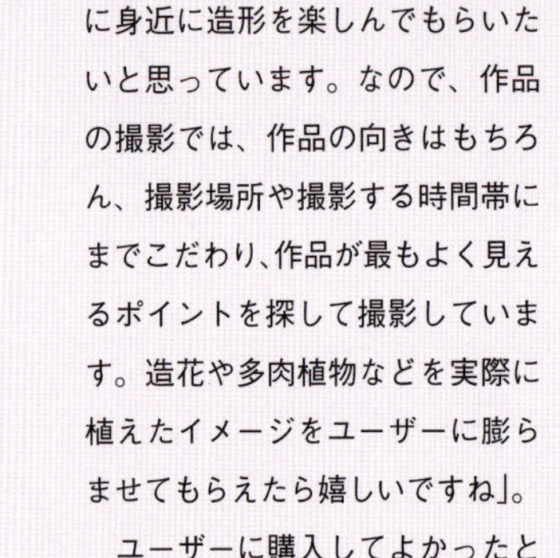

気軽にどこにでも置けるような立体作品を中心に小さなプランターなどを販売。「少しでも多くの人に身近に造形を楽しんでもらいたいと思っています。なので、作品の撮影では、作品の向きはもちろん、撮影場所や撮影する時間帯にまでこだわり、作品が最もよく見えるポイントを探して撮影しています。造花や多肉植物などを実際に植えたイメージをユーザーに膨らませてもらえたら嬉しいですね」。

ユーザーに購入してよかったと思ってもらうこと、制作をすることでの悩みやストレスを溜めずに自分達が楽しむことの両立が作家活動を長く続ける秘訣だとか。

「木箱に入れたり、リボンで結んだり、取扱説明書を必ず同封するなど、段ボールを開けた瞬間にユーザーに喜んでもらえるような丁寧な対応と梱包を心掛けています。私たちは元職場の同僚2人でつくっているので、お互いの意見が聞けたり、相談できるのも助かってます」。

PROFILE

作家歴：2年半／作家をはじめたきっかけ：造形会社での仕事の延長として、自分達のオリジナルの作品をつくりたいと思ったから／出品ジャンル：美術造形・プランター／

Instagram ID :
@gallery.harimogura

❶イベント出店でのディスプレイにもこだわりあり。❷木箱に入れてリボンで結ぶなど、開けた瞬間に喜んでもらえるような梱包を心掛けている。❸動物をモチーフにしたなごめる作品が高評価。❹❺原型から塗装まで、全て手作業。❻❼人気作家として、minneのムック本第1号でも紹介された。ほかにも様々な雑誌から掲載オファーが届く。

長続きのアドバイス

- 場所や時間帯にこだわった撮影で、作品イメージを押し出す
- お客に喜んでもらうことと自分達が楽しめることを両立させる
- 作品に対しての意見を聞いたり、相談できる相手を見つける

人気作家が ファンを増やすためにやっていること

1 季節限定の商品を販売

冬季のみ販売している『落ち葉ブローチ』は、季節も数量も"限定"ということで、お客からの注目度も上がっているんです。(Fish Born Chips)

2 実物に近い写真を心掛けています

お客にどんな商品か伝わるように、色々な角度から撮りますし、細かい部分はパーツをアップにして分かりやすく紹介します。(Zacchino!)

CHECK

3 自分の経歴をしっかり掲載

購入時の不安を和らげるため、プロフィール欄にはイベント出展などの活動歴を載せて、自分がどんな作家か分かるようにしています。(MARYK KNITTING)

4 ラッピングには特にこだわりを！

届いた商品を開封したときに、期待以上のものをお届けするにはどんな包装だと喜ばれるかな？　といつも考えています。(A FLOATING LIFE SHOP)

5 アレルギー対応の作品を販売

メッキ、樹脂、チタンと、アレルギーのお客でも着用可能な金具に変更しています。肌に触れる部分のコーティングや、つけ心地にもこだわってます。(Petit*Four)

リピーターを増やすため、作家のみなさんが実際にやっていることを調査。なにげない心遣いやアイデアが、ファンを増やすきっかけになっているようです。

6 連絡も発送も迅速な対応を

ネット上だけのやり取りなので、信用が第一。ご連絡いただいたときはなるべく早く返信し、在庫がある場合は、翌日には発送するようにしています。(amiko)

7 色違いでの購入を視野に入れてます

1つのアイテムに対し、色や模様のバリエを数種類つくり、選べる楽しさを。気に入ったら別の色も再購入していただけるので、定期的に新作を出しています。(ORANGE)

8 商品説明は簡潔に分かりやすく!

作品に対し、自分の思いが書ききれないほどあったとしても、商品説明文は長々と述べるよりも、「はっきりと、分かりやすく」をモットーにしてます。(kish.)

9 丁寧な対応でお客に安心感を

ネット販売ではお互いの顔が見えない分、お客の不安を少しでも取り除けるよう、誠実な対応を心掛けています。 (toi et moe/botanical pieces by toi et moe)

10 SNSで作品の制作途中を公開

インスタグラムでは、minneサイト内では見られない制作途中の写真などをアップしたり、見ている方を飽きさせないように心掛けています。(neco-me.)

minneスタッフ＆人気作家が
みなさんの質問にお答えします!

作品づくりの悩みや、購入者への対応の仕方など、サイトに寄せられた素朴な疑問の数々に、minneスタッフ＆先輩作家の方々に本音で答えてもらいました。

Q. サイト内で自分の作品の露出を上げるコツはありますか。

A. 新作をアップするとフォローしてくれているユーザーの目に届きやすく、さらに新着順表示での露出も見込めます。何より新しい作品が頻繁に出る作家のページは、「定期的にチェックしよう」というリピーターのファンがつきます。そのほか、慣れてきたらイベントへの参加にチャレンジしていただいたり、特集ページにもぜひ応募してみてください。

minneスタッフ
青木早織

Q. Pickupはどのくらいのサイクルで変わるのでしょうか。

A. 毎日21時に作品を追加しています。注意していただきたいのは、掲載後に作品が売り切れたり、登録している作品画像を差し替えたりするとPickup一覧から自動的にはずれてしまう点です。Pickupに取り上げる作品が決定すると、掲載1時間前までに作家さんに掲載の旨をメールでご連絡していますので、売り切れないように在庫が増やせる物は増やすなど、対策をとっていただくと長期間Pickup一覧に掲載されます。

minneスタッフ
清水愛実

Q. 商品に使用している素材について、どこまで説明すればよいですか。

A. 記載すべき取り扱いの注意には、作品を長く愛用してもらうため、快適に使ってもらうため、健康被害を起こさないため、などの目的があります。購入者を「こんなはずじゃなかった」とがっかりさせないためには、小さな可能性も開示し、納得の上購入してもらうことが大事です。一般的に、よく見る注意文を素材ごとにご紹介します。

素材	注意事項
布製品	・組成表示(綿○%、麻○%など) ・水洗いできない場合のお手入れ方法 ・色落ちや色移りの可能性がある場合の注意喚起
布製品は水洗いして使用するものが多いので、水洗いによる色落ちや縮み、また、通常使用時の色移りの可能性などがある場合、必ず明記しましょう。	
アクセサリー類	・金属の種類(18K、14K、14KPGなど) ・金属の場合は金属アレルギーへの注意喚起 ・取り扱いの注意
直接肌に触れるアクセサリーは、金属アレルギーへの注意喚起が必須。また、コットンパールは水濡れに弱いなど、購入者は意外と知らない取り扱いの注意も明記しましょう。	
子ども向けの物、おもちゃ類	・小さい物の場合は子どもの誤飲への注意喚起
キッズ向けのおもちゃや小物に小さなパーツが含まれる場合は、小さな子どもの誤飲に気をつけるよう記載しましょう。オーガニックコットンなど上質な素材を使用したものはぜひアピールを。出産祝いなどプレゼント用に購入される方の参考になります。	

minneスタッフ
阿部雅幸

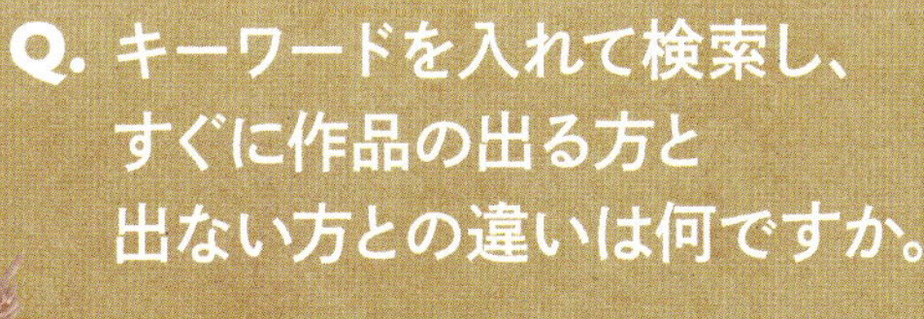

Q. キーワードを入れて検索し、すぐに作品の出る方と出ない方との違いは何ですか。

A. システム上、作品情報がデータベースに反映されるまでにタイムラグがありますが、全ての作品が必ず検索結果に出るようになりますので、ご安心ください。

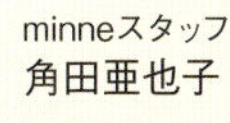

minneスタッフ
角田亜也子

Q. 旧作がなかなか売れません。どうしたらよいでしょうか。

A. 私の場合はアレンジして再出品するようにしています。売れないのは購入者側に求められていないということなので、試行錯誤して改善するのがいいと思います。(ORANGE)

A. 価格が適正かどうか、作品の写真等がお客の目に留まるものかどうか検討します。 自分が購入する側でも、作品の写真がすてきだと自然と作品詳細まで見てしまいます。 作品の写真を工夫したり、使用例を載せてイメージしやすくしたりするだけでも違うかと思います。 また、作品一覧等で旧作だけが残っているイメージにならないよう、ほかの作品も充実させるといいのではないかと思います。(nanacoma)

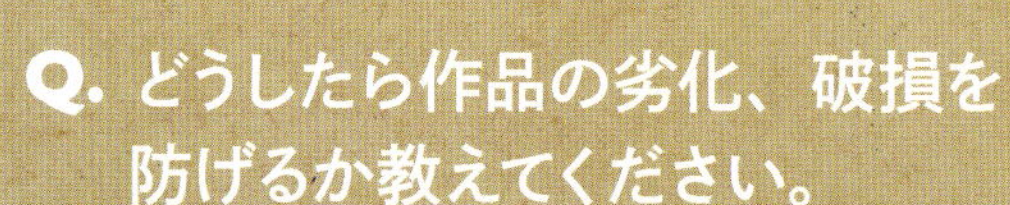

Q. どうしたら作品の劣化、破損を防げるか教えてください。

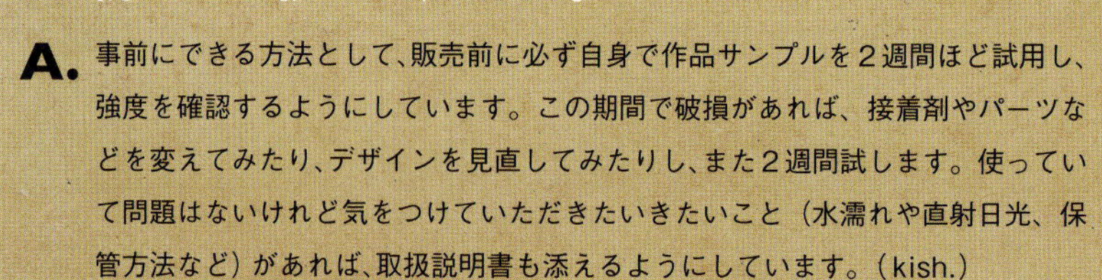

A. 事前にできる方法として、販売前に必ず自身で作品サンプルを２週間ほど試用し、強度を確認するようにしています。この期間で破損があれば、接着剤やパーツなどを変えてみたり、デザインを見直してみたりし、また２週間試します。使っていて問題はないけれど気をつけていただきたいきたいこと（水濡れや直射日光、保管方法など）があれば、取扱説明書も添えるようにしています。(kish.)

A. 発送までは、日光、湿気、ほこりなどをしっかり防げる場所で管理しています。いい香りのアロマや芳香剤などには好みがあるので、密閉できる所での管理の方がいいと思います。発送時はその作品に合った梱包資材をしっかり選んで、とにかく商品をきちんと保護して箱や袋のなかで動かないようにすることが重要です。自分や知り合いの所へ一度発送し、商品がきれいな状態で届くのかを確認するのもひとつの方法だと思います。(Rocorino)

Q. minneのイベントには どうやったら 参加できるのでしょうか。

A. イベントの１～２カ月ほど前にminne上でイベントの募集がはじまります。minneブログを定期的にチェックしていただき、参加したいと思うイベントが見つかったら、募集要項に沿ってお申し込みください。各作家さんのギャラリーに登録されている作品をminneスタッフが見た上で参加者を決定しますので、できる限り多くの作品を登録してご応募いただくのがよいと思います。
（minneスタッフ 清水）

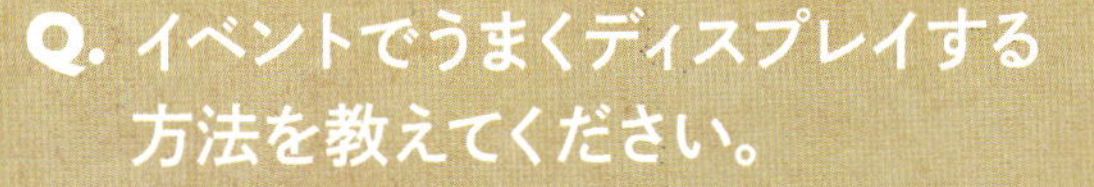

Q. イベントでうまくディスプレイする 方法を教えてください。

A. 帽子、バッグ、小物など、アイテム別に分けるのではなく、どの棚を見てもあらゆる商品が並んでいるように見せた方がお客が足を止めてくださるような気がします。（Fish Born Chips）

A. まず作品に合う展示台の色を考えてみたり、展示する作品が一番魅力的に見えるように想像することが大事だと思います。造花やグリーン、木の実など、ナチュラルな素材を一緒にディスプレイすると簡単におしゃれになりますよ。（ハリモグラ）

A. 箱やトレーといった什器を使って物の配置に高低差をつけるとリズムが生まれて、全体が見やすくなります。什器選びはつくりたいディスプレイのイメージに近いお店や、インテリア雑誌を研究するとイメージが湧いてきます。（テンセン図案）

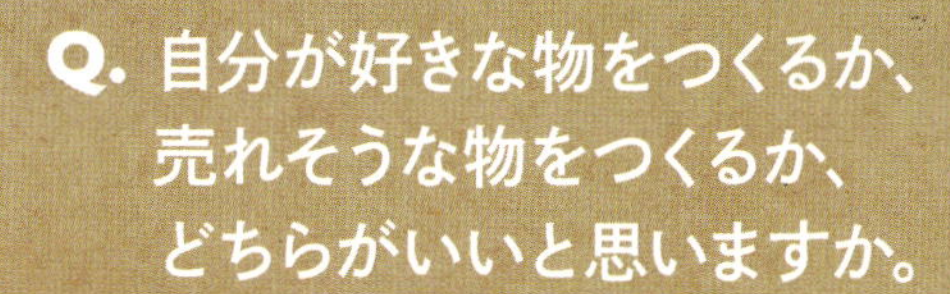

A. 自分の好きな物をつくる方がいいのではないでしょうか。好きな物をつくってこそ制作意欲も続くし、共感してもらったときの喜びが大きいと思います。でもまったく売れないと困るので、どんな物が売れているかリサーチすることも必要だと思います。（Zacchino!）

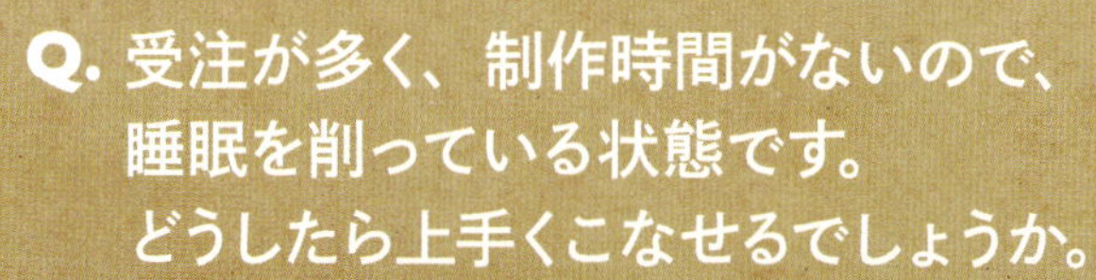

A. 今の状態では体調を崩してしまうかもしれませんし、いい作品もできないと思うので、オーダー受付期間、オーダーストップ期間をちゃんと設けた上で計画を立てて、制作時間を確保することが必要かと思います。（○△□）

Q. どうしたら多くの方に自分の作品を見ていただけますか。

A. Pickupに選ばれるとたくさんのお気に入りをいただけます。作品が一番すてきに見える写真を増やすことで多くの方に見ていただく機会が増えると思います。写真も数をこなすうちにだんだんと上達してくるので、少し手間はかかりますが今までに出品していたものも新たに撮り直すと作品の魅力も上がり、途端に売れることも。定期的な写真やコメントの見直しはとても大事だと思いました。（kinari12）

Q. つくりたい作品がたくさんあり、テイストがまとまりません。どうしたらよいでしょうか。

A. はじめのうちは、無理にテイストを決めず自由につくりたい物をつくっていけばいいのではないかと思います。たくさん作品をつくっているうちに、自分のテイストや好きな物が少しずつ分かってきて、自然とテイストもまとまると思います。（01 - zerowan-）

Q. 受注制作なので、注文が重なるとお待たせしてしまいます。上手くこなせる方法はありますか。

A. 発送期間を少し長めに設定しておくとよいかと思います。重なった注文を期日通りに仕上げるのが理想ですが、トラブルなどで制作が進められなくなることもあります。発送目安がギリギリだと、そうなったときにカバーする時間が足りず、お客からの信用を落としてしまいます。なるべくお待たせすることのないよう、お客の気持ちを第一に考えた時間配分を心掛けていきましょう。（ぽち子）

Q. 作品の制作や撮影に費やす時間と、プライベートな時間とのバランスの取り方を教えてください。

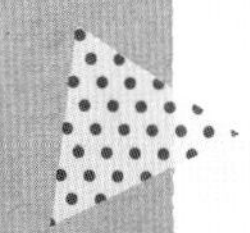

A. 平日は、仕事から帰って食事や家事を終えた後、寝る前まで制作しています。休日は、たいてい遊びに出かける予定が入っているのですが、なるべく昼間は撮影にあてるようにしています。もちろん家族や友達と過ごす時間は大切なので、そういった時間はなるべく削らないようにしてバランスを取るように心掛けています。（A FLOATING LIFE SHOP）

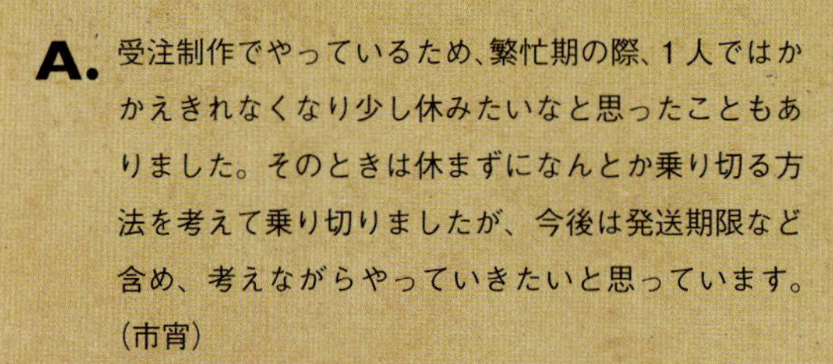

Q. 作家活動を休みたくなったときはどうしますか？

A. 受注制作でやっているため、繁忙期の際、1人ではかかえきれなくなり少し休みたいなと思ったこともありました。そのときは休まずになんとか乗り切る方法を考えて乗り切りましたが、今後は発送期限など含め、考えながらやっていきたいと思っています。（市宵）

A. 私は主婦なのですが、作業をあまり家庭に持ち込まないように気をつけています。つくるときはつくる、休むときは休むというメリハリが大事。決して無理はせず楽しめる範囲でできることを精一杯やることです。（neco-me.）

Q. 作家活動を続けていくのが不安になったときどのようにしてますか？

A. 小さな子どもがいるので大変なときもありますが、雑誌等に掲載されると一番喜んでくれるのも子どもたちなので励みになっています。作家活動が不安になったときは「できない理由を考えるのではなく、まずどうやったらできるかを考える」という精神で頑張っています。（Rocorino）

A. 意識しているのは「自分のつくった物が誰かの人生の一部に加わることに、喜びと不安を持ち続ける」こと。喜びだけだと自己満足になって飽きてしまうので、喜びと不安の両方が大切だと思っています。そこに、不安を原動力にして、より長く気に入ってもらえる物、楽しい気持ちを運べる物、もっとよい物を！　となるとまた初心に返ってがんばれる気がします。（MARYK KNITTING）

Q. お客とのトラブルにならないよう気持ちよく取り引きするポイントを教えてください。

A. ネットで販売するということを意識して、サイズや色味など、写真や文章の情報と、実際の作品に差異が生まれないように注意することが必要です。それから作品自体の取り扱いにはみなさんもちろん気を遣われていると思いますが、意外と盲点なのが匂いや小さなゴミです。ご自宅で制作されている作家さんが多いと思いますので、作品にタバコの臭いがついていないか、ペットの毛やゴミがついていないか、など梱包前に小さなことに目を配るのも作品を楽しみに待っている購入者さんをがっかりさせないポイントではないでしょうか。（minneスタッフ 角田）

A. 気軽にオーダーを受けていたら、だんだん要望が増えてしまい、自分の技量以上のリクエストをされるようになり、大変な思いをしたことがあります。今は容易にオーダーを受けずに、“ここまでなら対応できるがこれ以上はできない”というルールを自分できちんと決めるようにしています。（作家・匿名）

A. とにかくいただいた1つひとつのご縁に感謝し、自分の思う最高の商品とサービスを提供することだと思います。まずは作品のファンになっていただくことが一番ですが、そこだけに特化せず気持ちのよいお買い物をしていただくことも非常に重要だと思います。（作家 匿名）

Q. お客にレビューをいただきたいのですが、催促と受け取られないような上手な方法があったら教えてください。

A. レビューの投稿方法を知らない方もいらっしゃるかもしれませんので、発送後、受け取りの確認等と併せてレビュー投稿に関するページのリンクを貼ります。(noa noa)

Q. お客からクレームが来てしまった際、どのような対応をしてますか？

A. 色みが思ったものと若干違うと言われたことがあります。丁寧にお詫びしました。以後、写真と実際の作品の色を近づけるように努力することをお伝えしました。(Ruru-*)

A. 友人の作家と同じモチーフの作品をつくったことがあり「パクリじゃないですか？」とお問い合わせをもらったことがあります。モチーフが同じでも、コンセプトや見た目も異なっていたので、私も友人も全く違う物という認識ではあったのですが、「そう取られることもあるのか」と思い、その後は似ている作品などに気をつけるようになりました。そして自分だけにつくれる物を、という意識が強くなりました。(作家・匿名)

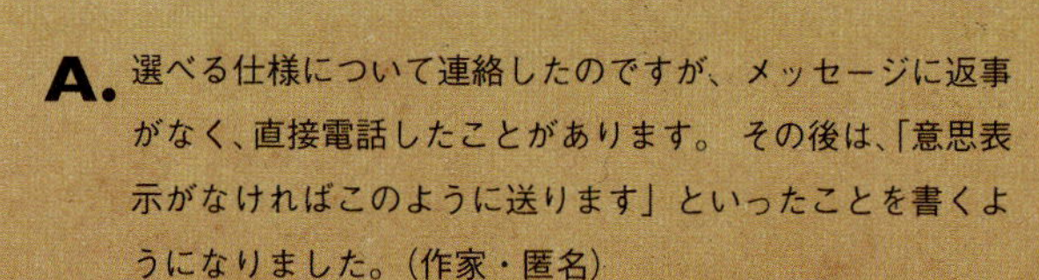

A. 選べる仕様について連絡したのですが、メッセージに返事がなく、直接電話したことがあります。その後は、「意思表示がなければこのように送ります」といったことを書くようになりました。(作家・匿名)

Q. お気に入りにしてくれた人に何か対応をした方がいいのでしょうか。

A. お気に入り登録してくれた人の人数が区切りのいい数字になったタイミングでオリジナルバッジプレゼントなどのキャンペーンを行うとよいと思います。(MIKON'S GALLERY)

Q. メールのやり取りで、気をつけていることはありますか。

A. お互いの顔や声の分からないやり取りだからこそ、お客の不安をできる限り拭って差し上げられるように迅速・丁寧な対応を心掛けています。いつも、はじめに感謝の気持ちをお伝えすることを欠かさないようにしています。(botanical pieces)

Q. フォロワーを増やすにはどうしたらいいでしょうか。

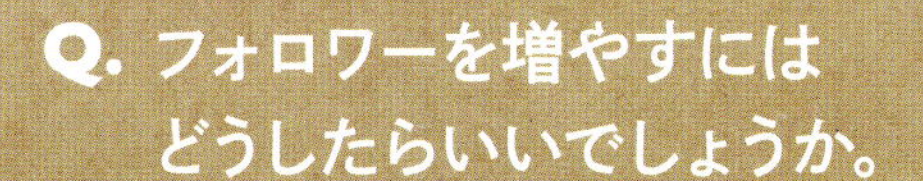

A. イベントなどへ出店する機会があれば、必ずminneのURLを記載したショップカードを準備するのがいいと思います。イベントでは買わなかった方もサイトを覗いてくださることが少なくありません。また、SNSを活用するのも有効です。(OTO OTO)

おわりに

minneは、手づくり市などによく足を運んでいた発案者の阿部が、「日本各地には、よい作家がいるのに埋もれたままになっていてもったいない。手軽に日本中の人たちが作品を売買できるシステムがあったらいいのに……」との思いから、生み出したサービスです。パソコンが苦手な人でも出品できるように操作が単純なシステムを開発し、改良を重ねて提供しています。システムの改良と同時に、作家がminneを上手に活用していけるようなサポート活動にも力を入れています。そのひとつが、コミュニティースペース「minneのアトリエ」です。

ここでは「作家向け勉強会」として、本書で紹介したような販売にあたっての考え方や技術などをお伝えしています。作品はとてもすてきなのに、PRがイマイチで販売に結びついていないケースは、われわれスタッフとしても歯がゆく、解決したい大きなテーマのひとつです。理想としては、悩める全ての作家に「minneのアトリエ」へお越しいただきたいのですがそれも難しいので、本書で悩みを解消し、ヒントを得ることで、全国の作家の飛躍につながることを切に願っております。

minneスタッフ一同

国内最大級ハンドメイドマーケット
minneの売り方講座

監修　minne

STAFF
編集　株式会社ナックス
デザイン　山賀明子
ライター　八木啓子、荒井さやか
イラスト　板羽萌
撮影　吉井明

2015年12月25日　初版発行
2020年10月１日　第5刷発行

発行者　近藤和弘
発行所　東京書店株式会社
〒113-0034
東京都文京区湯島3-12-1
ADEX BLDG.2F
TEL：03-6284-4005
FAX：03-6284-4006
http://www.tokyoshoten.net

印刷、製本　株式会社光邦
Printed in Japan
ISBN 978-4-88574-277-4

LESSON TO Selling × minne HANDMADE LIFESTYLE